花與我的半生記

日本植物學之父牧野富太郎眼中花開葉落的奧祕、日常草木的樂趣

牧野富太郎
張東君 譯

導讀／牧野帶給臺灣的禮物

劉克襄（自然生態作家）

十九世紀末，牧野富太郎曾走訪過臺灣。

他是首位使用林奈二名法，分類日本植物的學者，因而被尊爲日本植物學分類之父。關於他初次離開日本列島，第一站遠行便前來臺灣的採集和研究，我甚感興趣，還特別悉心研讀。

那是一八九六年十月底，三十四歲的他和另外兩位植物採集的夥伴，一起搭船前來。此時的身份是東京帝大理科大學囑託，從臨時僱用成爲助教身份。之前，已奉派前往京都府、愛知縣、滋賀縣、靜岡縣等地。

雖說職位不高，但因發現了極爲罕見的食蟲植物，貉藻（一八九〇），在日本《植物學雜誌》發表，當時此一植物只在歐洲、印度、澳洲等少數地方留有紀錄。他的描述和開花插圖，因而受到歐洲植物學界的注意。

此回個人來臺行程，不過短短一個月初，採集敘述有限。只約略提到在基隆、淡水、新竹和臺北盆地等地的見聞，帶回近上千品種的標本。後來，臺灣自然志的文史工作者爬梳其調查，泰半著墨在其日後跟臺灣相關的植物鑑定。

此次臺灣之旅後，牧野繼續潛心於植物研究，足跡遍及日本列島各地。臺灣因是日本新領國土，變成他年輕時唯一渡洋遠行之地。下回再出遠門，係前往中國東北考察櫻花（一九四一）。時隔四十多年，已是近八旬老翁。

回顧早期臺灣諸多植物的名字，不少種出現過他的英文姓氏 Makino，或在學名，或在命名。有這些稱呼，自然跟牧野的採集和研究有關。不說別的，光是桂竹學名裡的 *Phyllostachys makinoi* 便足以把臺灣和日本有趣連結，闡述一個歷史和物產等生活知識皆豐富的內涵。

有一回應高知縣邀請，參訪牧野植物園，我特別從臺灣的角度，興奮地跟館方暢談，牧野在臺灣踏查的一些事蹟。雖說那是他生涯非常微不足道的小採集，但從當年唯一的長距離異地行旅，或可跟臺灣積極對話，發展出更有深度的自然教育。甚而從這個角度，重新看到不一樣的人文歷史或自然探查。

那天館方非常悉心，特別安排我觀看牧野一生的事蹟。還有當代數位科技，如何以最新穎的技術，將其繪過的石蒜花，轉化成生動的立體樣態。藉此了解牧野的採集和繪圖功夫。參觀者透過視覺感官，往往會獲得愈加活潑的植物知識，進而了解牧野一生的奉獻。

後來我又走訪了佐川町。牧野出生於這處郊野近鄰即森林的小鎮，父母早逝，從小由祖母帶大。家裡是雜貨商兼釀酒廠業者，跟植物毫無關聯。但喜愛植物，是渾然天成的本能。我想像著，他從小如何被周遭看似尋常的花草所吸引。十二歲通學時，經常利用空閒，走逛小鎮附近的淺山。

牧野想必早熟且聰慧，未及志學之年即感知，小學教育內容不足，才讀兩年便退學了。日後只有下等小學畢業的學歷，但此後自學各種學科，奮發圖強。尤其是植物方面，最終受到專家的指導，奠定分類學的基礎，並榮獲理學博士。

牧野來臺田野調查，相信一如在日本，外出採集植物時，爲了要處理獲得的樣品，一定會帶足各種工具。吸水紙自不待說，壓板和擠壓標本用的鐵製螺旋器，以及採集植物的大型胴籃、挖根器等恐怕也不能少。因爲器物太多，他和夥伴登陸基隆後，行動始終無法自如。牧野的採集狀態，恰好是我們認識日治初期，動植物研究者在臺各地旅行的指標。

三十一歲時，他受大學招聘，從民間到大學教課之後，每月所獲得的薪水非常的微薄。可家裡有十三位孩子，生活拮据下，教育費等都是靠借貸。因爲常借錢拖欠，到後來，連查封官不時到家探訪，他仍舊毫不在意。只要能夠拖延，便盡量找藉口。

即使常一貧如洗，他依舊不改職志。在困境中，還是果敢地持續研究植物。多數時候繼續待在書桌，努力撰寫植物相關的文章，又或繪圖。他喜愛植物，並非爲了求得學位，只是單純喜歡草木，專心一意地研究，想要知道在這門學問的前方究竟有著什麼。這樣充滿執著，不畏生活險阻的勇氣，放諸現今愈發難能可貴。

牧野著作等身，本書在選擇文章時，勢必考量過生態教育的啓蒙。因而特別從其少年和年輕時的踏查取材，介紹他在孩提時如何自學，兼而於年輕時怎樣進行採集。這方面的探索，我讀來特別有感。從這些養成過程，對照其在臺灣採集，我常懷有更爲豐富的想像。

從全集裡，本書挑出合宜的科學散文，大抵也以尋常跟臺灣連結，讀者較爲熟悉的植物有關。牧野的描述不僅是自然科學知識的授與，還有更多是擷取文學的元素，進行各種生態機制的釋疑和分析。理性和感性並進，艱澀和簡單共存於行文中。

一個瘋狂熱愛植物的人，不一定有能力將其嫻熟的知識，合宜地轉化成生動的語言。尤其是半世紀之前，科普知識還不全面的階段。牧野聰慧地跨越了科學語言生硬的障礙，懂得使用柔軟淺顯的描述，將枯燥的植物知識娓娓道來。彷彿把一朵花卉的優雅和氣味，溫馨地捧送到每位讀者面前。

從其婉約的筆調，我們在不知不覺中，體悟到許多生冷的知識。他一生的璀璨光華，都在這些文章裡熱情盡現。隨便挑選翻讀一文，想必都會驚嘆，這些半世紀前就已定稿的文章。

更值得稱許的是，這些文章集中於七十歲以後到鮐背之年的創作。一般書籍導讀一位創作者的書寫意念，往往偏好中壯年或年輕的作品。此時文章的知識盡現澎湃豪情，常見滔滔宏觀之論述。然而牧野早年忘情於植物標本的分類研究、鑑定和插圖，若有出版則多爲圖鑑指南和實用的研究著述，幾少散文的書寫。本書選定這些晚年所著的文章，或隱隱約約認同，植物研究者更需要長時的鑽研，以其一生喜愛植物的情感和見識，採用人人易懂的語言，跟我們溫柔敦厚地對話。

牧野一直認爲自己是植物的戀人，才會誕生在這個世上。有時候甚至懷疑，自己根本就是草木的精靈。從這些優美敘述的自然科學散文，我也愈加明白。從而對他在臺灣的旅行有一更深層的了解，熟悉其種種調查背景之訓練。

雖說他在臺灣的植物貢獻可能不若川上瀧彌、佐佐木舜一等，甚而沒有當年同行夥伴，在臺灣旅行的深遠和見聞，但放在東亞植物的研究，又或者從其個人的治學背景，我似乎更能清楚他的行腳信念。

我們試著以欣賞植物花草的快樂，拉近牧野跟我們的關係，何妨也能從其散文的閒情逸致裡，得知更多生活的寫意。牧野教我們的不只是植物，而是生命的情境和高度。

目次

和植物殉情的男人

我覺得我是身爲植物的戀人而誕生在這個世上的，有時候我甚至懷疑自己根本就是草木的精靈。哈哈哈哈。比起三餐或是女性，我更喜歡植物，但是假如要問我爲什麼會喜歡植物，我卻答不上來。總而言之，我天生就喜歡植物。最不可思議的是，我的親戚之中沒有任何人特別喜愛草木，包括家裡開釀酒廠的我父母、祖父祖母，就連其他親戚也一樣。不知爲何，我從幼年時期起就很喜歡草木。當我就讀於居住地土佐（高知）佐川町的私塾、不久之後上的學校「名教館」，以及之後町內小學，我都經常在上下學途中到小鎮附近的山區等地方去親近植物。換句話說，就是純粹對植物感到興趣而已。我在明治七年（一八七四年）時進入小學就讀，但我討厭那所小學，所以半途就退學了。在那之後我就沒有進入所謂的學校受教育，而是花費多年獨自修習各種學問，在那個期間一貫學習，或說一直耽玩的就是植物學這門學問。

但是我並沒有想要以此出人頭地、揚名立萬的野心，直到今天我的想法仍舊不變。我只是單純喜歡草木，就好像是天性那樣專心一意地前進，想要知道在這門學問的前方究竟有著什麼，把握自己的方向不放棄而已。不過由於我並沒有老師在，所以我純粹只是每天從早到晚在自然場域中學習而已。再加上我總是到山野去實地採集和觀察植物，那些經驗就累積堆疊成爲我現在所擁有的知識。

我之所以持續待在植物分類的領域，沉浸於植物種類的研究裡而不離開，就是來自這樣的經歷。我今年七十二歲了，雖然歲月不饒人，但是由於我熱愛植物，每年都很常到各處旅行累積實地的研究，反而讓我毫不覺得厭煩。換句話說，這是我的樂趣。我在將近六十年間之中專心一意前進，結果在這段漫長期間增進許多關於植物各種各樣「作用」的知識，但是絕對絕對不曾想過自己已經成功了，反而總是以還在寄讀學習的「書生」心情覺得自己的知識還遠遠不足，深切感受到自己在植物學上的不成熟與不充分。也因此，我最討厭那種身為學者就覺得自己很了不起的人，我的這種心情，只要有接觸過我的人，應該都感覺得到吧。只不過擁有一點點知識，但那知識量跟宇宙的奧祕比起來，根本小得不成問題，完全不是什麼值得吹噓的事情。只要抱著到死為止都戰戰兢兢、想要盡量多學一點知識的心態，這樣就行了。

我應該會像前述那樣過完一生吧。換句話說這就是跟植物殉情呢。我就是喜愛植物到這種程度，所以我在明治二十六年（一八九三年）時受大學招聘，從民間到大學教課之後，即使總是一貧如洗也還是果敢地持續研究植物。在那個時期，薪水非常少，只好去借貸來支付生活費和許多小孩的教育費（生了十三個）等，查封官也經常到家裡來，我則毫不在意，只要能夠拖就隨意拖延，在旁邊的書桌上寫植物的文章。發生過這般事情的過去時光，今天都成了可說的故事，但即使是現在，我的薪水也完全不足以負擔生活費，撐著老邁身軀不斷地賺錢來填補這些坑，還好並不像從前那麼淒慘，已經勉強能夠從那樣的日子脫身。雖然我在財務上並不如意，但處於這樣的境地，卻也不會怨天尤人。這可說是天命，我看得很開，認爲這就是我誕生的因果啊。

每一年每一年，我都是以左手和貧窮戰鬥，以右手和學問奮鬥。在這種時候，不論多麼貧窮，我都不曾片刻離開植物學，也不會爲了困頓生氣，只是持續研究植物學，這全都是因爲我就是那麼喜歡植物。心情不好的時候，只要對著植物，就能夠忘記一切。應該也是因爲這樣，我才能夠維持健康、鼓起勇氣、度過那段長長的難關直到現在吧。除此之外，我的個性也屬於大而化之、比較悠哉的，對於任何事情通常都很淡然，不會變得神經衰弱。我從小到現在都不菸不酒，所以也不會藉由菸酒來轉換心情。某家報紙寫說我喜歡喝酒，那完全是個錯誤。

我在前面也提過，雖然我已經年屆古稀，但現在仍舊像古代的伏波將軍馬援那樣極爲健康，跟年輕時沒什麼兩樣。我常常說我總有一天會成爲「眼睛很好、牙齒很好、腳力腰力也都很好，還很能工作的老人家」。但是再怎麼說，應該都不會活到一百歲吧。前有植物學的大前輩伊藤圭介老師以九十九歲高齡逝世的例子，運氣好的話，我可能可以撐到像老師那樣的年紀。但就一邊期待一邊學習吧。現在的我還留有兩件大事未完成，從今以後要排除萬難往目標前進，讓大家看看我土佐男子的氣魄。雖然是陳腔濫調，我認爲「精神一到何事不成」這句話不論在何時都是生命的金句。哎，讓各位看我不著邊際的漫談眞是抱歉。現在就讓我吟句詩來作結。

「朝夕能與草木爲友便無暇寂寞」

（一九三六年）

年輕時的回憶

雨天在深山中的採集

其實我不曾對追求自己的學問感到辛苦過。迄今幾十年的長久歲月，我非常愉快地持續鑽研植物學，直到今天都還是如此。但是平時從來沒有覺得是特別在做學問，眞是不可思議。

這應該因爲我天生就很喜歡植物，所以做學問便沒有對我造成任何痛苦吧。

我從少年時代起就不斷到山野去採集植物，直至今天也仍然持續採集，覺得很開心。

距今七十多年前，在明治十三年（一八八〇年）我十九歲那年的夏天，我和朋友兩個人一起到聳立於土佐國與伊予國①境附近的四國第一高山——石槌山去進行採集。那時候還沒有西服，我們穿的是日本和服。我們首先從位於佐川町的老家出發，越過距離數里的黑森林，到池川村的國境附近名叫椿山的深山，在山裡農家借宿，第二天再走上通往國境深山的山路。不幸那天下雨，我們又沒有帶傘，淋成了落湯雞，但總算抵達雨中的石槌山、登上絕頂。之後又到位於半山腰下的山村黑川村投宿，首次嘗到馬鈴薯的滋味。那是自古以來就在當地種植的小型薯類作物，在當地被稱爲カウバウイモ。隔天我們淋著雨踏上歸途，還在山中時就已經天黑，於是在遠離人煙的深林中露宿，半夜時的雷鳴閃電非常驚人。天亮時我們總算返回前述的椿山，最後終於回到家。但是從去程到回程都是雨天，和服淋濕讓人相當困擾。但即便如此，託這趟旅程之福，我看到各種各樣的植物，在山上的黑森林中初次採集到大南蠻煙管（オホナンバンギセル），還畫了素描。再怎麼說，在沒有嚮導的狀況下，兩個人一起首次踏進國境的深山之中，居然還能不迷路呢。

在各地採集

隔年的明治十四年（一八八一年），當我二十歲的時候，帶了一個腳夫在土佐幡多郡（高知縣四萬十與宿毛一帶）大範圍地巡迴採集植物，大概持續了一整個月。包括土佐西南端的柏島、沖之島，就連被稱爲土佐西岬的足摺岬（蹉跎之岬）都去了。途中不但在各個地方都採集了植物，採集的種類也很多，這對增加我的植物知識非常有幫助。再怎麼說，採集越多植物就越能辨識與記得各種不同的物種，所以研究植物分類的人絕對要走訪各地，否則就是騙人的。大門不出、二門不邁的人，不可能做好這門學問。要累積風吹日曬雨淋的辛苦修行，才能夠認識各種植物。

我在外出採集植物的時候，爲了要處理採集來的樣品，一定會帶著各種工具。吸水紙自不用提，從壓板、擠壓標本用的鐵製螺旋器，到大型的採集

① 土佐國相當於現今高知縣，伊予國相當於現今愛媛縣，兩者相鄰，故有國境交界。這些「國」均爲日本舊時劃分的地方行政區。——譯注

容器胴籃、挖根器等，各種各樣的必要工具都絕對會帶。

在三河之國的高師之原②進行採集的時候，整個白天都在露天採集，把採集容器塞滿之後，當天晚上就在豐橋的住宿處整理那些採集品直到天亮。到了夜晚，旅館的女服務生來了好幾次想要鋪床墊與棉被，但我們總是還在工作沒有要睡覺，女服務生只好無功而返，這種情況發生過好多次。

雖然是距今相當久之前的事，我也曾經獨自前往位於肥前（佐賀、長崎）的五島列島最西端的福江島。因為我聽說在那個島嶼西端的荒川村的玉之浦有桫欏，於是為了採集而造訪該處，仔細檢查之後採集回來。當時找到的石化桫欏莖幹至今仍放在我家。此地有位於日本最西端的巨大燈塔，由於那是在日俄戰爭時最先發現俄羅斯帝國波羅的海艦隊的地點而成了有紀念意義之地。在海中有塊面對著這座燈塔的大岩石，我坐在岩石的一端上面，兩腳晃來晃去，我已經看燈塔看膩了，正要離開的時候看到剛剛我坐著的地方是很薄的岩石邊緣，真是讓我嚇了一大跳。我的體重竟然沒有讓那塊岩石崩落。要是岩石碎裂的話，我絕對會掉到數丈③下方的海裡。光是這樣就已經很幸運了。在回程經過幾久山時，我看到在那裡的宮林（在神社境內的森林）的巨大樟樹被樵夫砍倒了。抬頭往上看時，高處樹枝的分叉處有好幾棵巨大的山蘇花。我按捺不住想要採集的心情，請伐木工人幫忙把其中最巨大的一棵丟到地上。要是把那個葉片展開的話，直徑大約在五尺左右。雖然我終於把它弄到船隻停泊的富江去，再經由汽船及火車帶到東京，種植在上野公園內的博物館中，但最後還是枯死了。會做這樣的事，也是因我全心都在採集上所致。

前述只是我一小部分的植物採集經驗談而已，那並不是單純的玩樂興趣而已；即使我眞的從中獲得許多樂趣，我也是汗流浹背地積極採集，爲了自己的學問而努力。因爲如此，我才能夠自學到植物的地理分布及種類等等。

我不曾有過任何一天放下植物學，而是不曾間斷地開心學習，累積植物學這門學問。像我這樣一輩子都不曾感到辛苦，只是愉快持續研究的人，在

② 位於愛知縣豐橋市南部的洪積臺地。——譯注

③ 一丈大約爲三公尺，一尺約三十公分。——譯注

這個世間好像相當少。也因此不管是少年時期還是現在已經年老的時候，對這門學問的勉力程度都沒有什麼不同，就只是一往直前、不走叉路，持續走到今天。

經過這樣數十年來的努力，才累積出我的植物知識。我今年已經九十三歲了，但決定今後只要我的身體還能動、手腳還很強壯、頭腦也還清楚，都要像我一路走來的這樣持續學習，對這門學問有所貢獻。

縱然我已經到了這個年紀，我也絕對不會放棄做學問。

（一九五五年）

在日本發現了世界罕見的貉藻

幾年前，在《東京日日新聞》報上的「藝文」欄中有個以「回憶的種子」為題的專欄，連載了許多人的回憶故事。我也提供了一篇〈發現貉藻〉的文章刊載在那份報紙上，現在就把那篇文章轉載到這裡。

這種水草是世界知名的食蟲植物，再加上顏色鮮綠，又以極為奇特的形狀在水中漂蕩，所以公認很適合放到小型水槽裡和金魚或是熱帶魚作伴。

接下來我就讓各位看看前述的那篇文章，不過圖則是現在新加上去的。

發現貉藻

當靜靜追懷往昔時，我就會接二連三想起過去各種各樣的事件。再怎麼說畢竟是七十九年間（到今天已經是八十五年間了）的漫長歲月，理所當然會這樣。但那些無非是普通的常見事物，即使對實際做那些事情的我來說多少有點趣味，對別人來說大概也不怎麼有趣，所以在此我就想要把回憶擴大，去回顧國內外學界多少有點回應反響的事，寫寫看那些回憶。那就是我時常想起且片刻不忘的，我在日本發現貉藻這種世界性珍稀水草的經過。

距今五十年（到今天已經五十六年了）前的明治二十三年（一八九〇年）五月十一日，春蟬鳴叫也近尾聲，放眼望去都是綠葉嫩葉，我為了採集垂柳的結實標本，獨自到東京往東大概三里處④，原本稱為南葛飾郡的小岩村伊予田去。

在江戶川的土堤內，田裡有一個貯水池（由於土地情況變化，那個池子現在已經不見蹤影了），周圍長著繁茂的垂柳類覆滿整個小池。我靠在那裡的垂柳樹上折著樹枝，眼睛偶然俯瞰水面的那個瞬間，發現了裡頭有異狀物體正在漂浮！

那是什麼呢？我馬上撈起來看看，果然不是任何我平時看慣了的水草，於是我匆匆趕回東京，把它帶到大學的植物學系（當時稱作「青長屋」）。讓同系所的人看過這個罕見植物之後，大家都感到非常驚訝。當時的教授矢田部良吉博士想起他好像在書裡看過關於這種植物的記述（大概是達爾文的《食蟲植物》吧），便在那本書裡幫我查這種植物的學名，得知那就是世界知名的 *Aldrovanda vesiculosa* L.。這種著名的食蟲植物在植物學上屬於茅膏菜屬，卡斯帕里（Robert Caspary）和達爾文等人都已經做過詳細的研究。

但是這種植物在世界上並不多，僅僅只有歐洲的部分地區、印度的部分地區，和澳洲的部分地區才有。這次意外在日本被發現，就再增加了一

④ 約十一點八公里處。——譯注

個新的分布地，後來又發現在西伯利亞東部黑龍江的部分地區也有這種植物，所以全世界的分布區域就一躍成為五個。

在日本境內，繼上述小岩村的發現之後，確認了這種植物產於利根川流域，最後（大正十四年（一九二五年）一月二十日）又在山城的巨椋池⑤看到，發現者三木茂博士當時是京都大學的學生，但是不幸受到該池排水填平的影響，很遺憾的，此地的這種植物就滅絕了。

貉藻（ムジナモ）的漢字就寫作貉藻，是我在發現之後新命的日文名。因為我看到它以獸尾的樣貌漂浮在水中，又是食蟲植物，於是就決定要這樣叫它了。

這種貉藻是綠色的，沒有根，成百橫向漂浮在水面附近，真的是呈現奇妙姿態的水草。一條莖位於中間，周圍有多層多片葉子呈輻射狀排列，在每片葉子的頂端有二枚貝狀的囊，可以捕食水中的小蟲，消化成為自身的養分。於是根就變得完全不需要，也就沒有長根了。此外，在葉片前端還有四、五根鬚。

如同前述，我在明治二十三年（一八九〇年）五月十一日發現了這種貉藻，之後我想要畫這種植物的精密圖畫，但是我和矢田部教授之間卻發生了對我來說非常不幸的事件。那時我有名為《日本植物誌圖篇》的書籍正在繼續刊行，可是矢田部教授卻有個書籍出版計畫，內容跟我的書非常類似，結果我原本獲准能夠為了研究而隨時出入的系所，卻突然禁止我進出了。

那時候我還沒有受大學雇用，由於實在束手無策，只好到位於駒場的農科大學的植物學系去完成那份素描圖，後來投稿到《植物學雜誌》上對全世界發表。因為這種貉藻在日本的植物界也是極為罕見的食蟲植物，所以獲得各種書籍刊載，成為日本非常知名的植物之一。

這種貉藻有個特別值得一提的事實，是能夠對全世界誇耀的事蹟，那就是這種植物在日本會開出特別漂亮的花。我把這件事情既明瞭又詳細地描繪在我的素描圖中。

---

⑤巨椋池：日本京都府南部一個已經消失的湖泊，原本的位置在現在的京都市伏見區、宇治市、久御山町一帶。——譯注

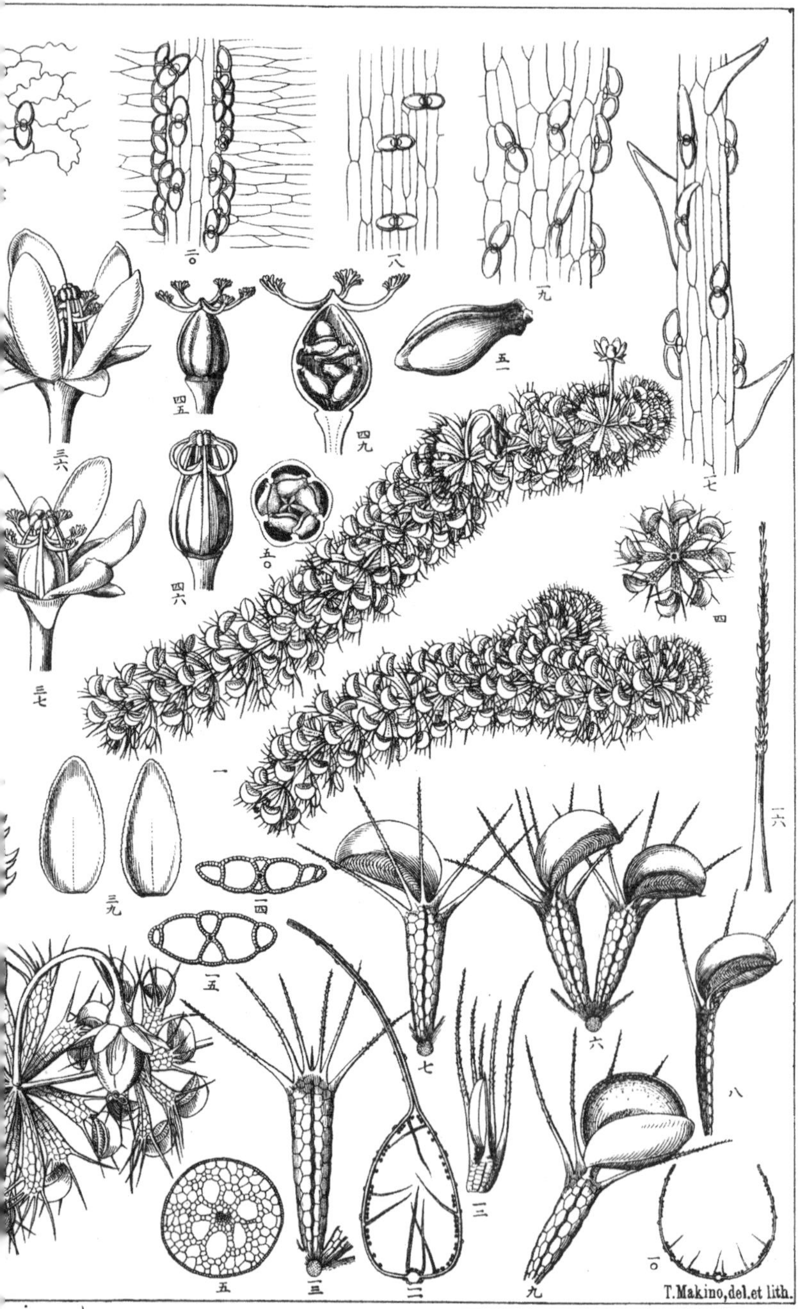

zinamo)

二四　三二　三三　三〇　三三

二九　二六　二七　三五　二八

二六

四四　四三　四三

三五

四二

四一

六二　六三　六二　五三　五四　五五　五六

五七　五六　五九　六〇　六四　六三　六五

三

二

四八　五三

五二

モナミ

牧野

不知道出於什麼理由，在歐洲、印度、澳洲等地，這種植物雖然會長花朵，但卻總是不開花，只呈現帽子般的外觀，到最後還是合著的；但是日本的這個物種卻如前述明顯會開花。所以我的素描圖中的花，讓歐洲的學者感到非常稀奇。後來，在德國刊行了一本世界性的知名植物分類書《*Das Pflanzenreich*》，由阿道夫·恩格勒審定，這本書就從我前面提到的素描圖中轉載了開花的圖畫，讓我的名字和圖一起在這個大舞臺上登場。看到我過去在苦難之中所繪製的圖竟然能夠轉載到這本世界性的權威性書籍之中，真的是無上的榮幸，也讓我非常的高興。

以上就是我寫給《東京日日新聞》的全文，收錄的插圖也如那篇文章所述，是我在很久以前就首先以日本產貉藻爲主題所繪製的圖畫；也就是說，是日本國產貉藻最早的圖。明治二十三年（一八九〇）五月十一日發現貉藻，這張圖是在隔年七月繪製的素描，並在明治二十六年（一八九三年）十月十日發行的《植物學雜誌》第七卷第八十號上公開發表。

我在嘗試之後，找到了製作貉藻標本的最好做法，那就是在其生長地不要把莖切斷，細心採集，按意願採集想要的數量裝進採集容器之中。有多少都沒關係，就堆在一起帶回家。回家之後盡快在水盆中裝水，輕輕地把貉藻放在水盆的水中，讓糾結在一起的樣本慢慢散開，就這樣放置一個晚上。於是在採集容器中擠歪了的莖會伸直、葉片也會整齊排列，在隔天早上恢復自然原有的樣子。接下來就把毛巾擰乾、把樣本的水瀝掉，濕濕地展開攤平。在那之前還要用毛筆輕柔地在水中仔細拂去貉藻上面的塵垢。用鑷子把清潔過後的樣本輕輕夾起來，平放到前述的擰乾毛巾上面。這樣一來，毛巾就會吸走貉藻上面的水分，然後再用鑷子把因爲水而貼合在一起的葉片拉開擺正。接下來就小心地把樣本放到報紙上、夾到吸水紙間、再用板子夾起來，上面放重物去壓。重複更換吸水紙幾次，不久之後就能夠獲得良好的標本。在用鑷子夾住樣本從水裡面撈起來的時候，動作得輕柔緩慢，否則莖部就可能會由於水的阻力而斷掉。此外，在用鑷子夾起來的時候，夾住莖部本身舉起，莖就不會斷掉；但要是夾到莖部前方的話，在從水裡撈起時就很容易斷掉，所以要多加注意。這在小茨藻、拂尾藻等也是一樣，從末端拉的話就同樣容易斷掉，所以在採集的時候就必須把手伸到水底，握住植物的莖部、輕輕地從水中拔起來。採集水草的人只要記得這個訣竅就沒問題。

（一九四七年）

請感謝植物

植物與人生，這是個相當大的問題，單單只用一篇短文無法盡興講清楚。其中事項的多變多樣以及重要程度，得要寫本有堂堂數百頁的書籍才夠吧。

不過現在也沒辦法臨時寫出這樣的大部頭書籍，所以先在這裡簡單寫點像是虎頭蛇尾般的短文試試。

假如這個世界上全都是人類，而沒有半株植物，就不可能會有「植物與人生」這樣的問題；正由於植物存在，這裡才會談起這個問題。

人類活著，就得攝取食物。人類生而赤裸，所以得穿著衣物。人類為了防風避雨度過寒暑，得要蓋個家來住，於是從這裡開始，人類和植物之間就產生了打交道的必要性。

就像這樣，植物與人生便處於無法分離的密切關係之中。雖然人類可能會說自己征服了四周的植物，但是反過來說，也能夠說是植物征服了人類。最有趣的事情是，植物沒了人類也可以照常度日，完全無所謂；但人類則是沒有植物就沒辦法生活。從這個角度來比較植物和人類的話，可以說人類比植物要弱得多多。換句話說，人類是處於得對植物大幅度鞠躬敬禮的立場。食衣住是人類所不可或缺的，但滿足人類這些要求的則是植物。人類應該要把植物視爲神明來尊崇禮拜，奉上眞心感謝才行。

對我們人類來說，在社會中生存的首要目的是要好好地過充實的生活，才能達成生而爲人的意義。沒有生命的話就毫無意義，也就跟石頭沒有兩樣了。

爲了要延續生命，持續存活到完成天命爲止，首先必要的就是食物。自古以來，人類必然需要食物，爲此而使用植物，準備出各種食物。只要在街上或山野中走走就能夠知道。在街上，馬上就能看見米店、五穀雜糧店、蔬菜店、水果店、醬菜店、魚乾店等，到山野去則會有稻田或農地等等相連，放眼望去，各樣的食用植物都種植或埋在地裡。在這些農耕地之外，還有可食用的野草、蕈類，和草木的果實。再看遠一點，海中有海草、淡水中有水草，全都提供我們延續生命用的食物。

除了食物之外，還有紡織、製紙、搾油、製藥等各種原料，再加上建築材料、器具材料等，替我們的食衣住無限制地提供良好資材。而後我們再使用這些無窮盡的原料，應用製成更有益的產品，在厚生利用方面收割果實、增進人類的幸福。

追求幸福是人類的要求，活得久直到天命終結則是天賦。這種天賦與這些要求互相協調時，才能夠看出人類誕生在這個世上的眞正意義。人類爲什麼非得長壽不可呢？人類爲什麼渴望追求幸福呢？這些目的不論對動物或是植物來說，只要是生物大概都是想要存活而已，在這點上並沒有什麼不同。人類最終總是該把我們人類（也就是 *Homo sapiens*）的血脈維繫到地球毀滅前的最後一刻，持續傳承後世，不論在何處都不滅絕。再加上要是不長壽的話，人類就沒辦法達成生來被賦予的責任，於是就有必要活到相當的歲數。

假如單單只有一人誕生在這個世上的話就不會有什麼問題，但是有二個人以上的話，就會受到所謂優勝劣敗的法則支配；若是互不讓步的話就必然產生問題，讓步正是在人類社會中最必要的東西。基於讓步精神訂定的鐵則就是道德與法律，藉此調節優勝劣敗的自然力量，避免其隨心跋扈，壓抑強者幫助弱者，從而恰如其分地保證全人類的幸福。這就是現今人類社會的狀態。

不過話說回來，由於世上有非常多人，在其中也有不在乎別人如何，只要自己一個人過得好就很滿足，完全不管會不會麻煩別人的利己主義者，即使這個想法從人類社會的一員來說是錯誤的卻也照做不誤，導致社會的安寧秩序總是受到威脅，於是有識者便想出各種方法來將人類導至善途，努力想要讓社會變好。這也就是爲什麼縱然有許多學校都在教授爲人處事之道，卻也還是持續不斷地有素行不良的人出現，讓大家傷透腦筋的原因啊。

（一九五六年）

花為什麼芬芳

花不語。那花爲什麼卻會那麼美麗？爲什麼會散發那麼令人愉悅的香味呢？在疲倦的夜晚，縱使想要緊緊抱住在窗邊飄香的那枝百合花，百合花也仍舊靜默不語，只是保持清秀的姿態不變，靜靜散發出香氣。

牡丹的花明明長得碩大，爲什麼櫻花卻那麼小呢？鬱金香的花，爲什麼會有紅白黃等各種不同的顏色呢？松樹和杉樹爲什麼不會開有顏色的花呢？

雖然各位可能不在意或完全沒注意，不過植物雖然不會行走，卻都是活生生的。合歡木到了夜晚就會把葉片合起來睡覺，睡蓮的花在夜間閉合、在白天開花，豆類的藤蔓會長長延伸出去纏繞住附近物體，沒有一片葉子會放棄附著的機會。八角金盤的寬廣葉片會盡量讓雨水順著葉脈從上往下流往根部。鬱金香那樣捲起的長形葉片，扮演的角色就像漏斗，讓水能夠順著莖往下流。在能夠曬到太陽時，葉片就充分伸展身體，盡可能吸收陽光，並從空氣中吸收二氧化碳這種植物生長生存所必要的成分，根部也會收集水分和氮。植物就是這樣才能夠健康地存活。

正如人類在成年以後結婚、繁衍子孫一樣，植物也是時間到了就會開始準備繁殖。當漫長的冬天結束，春天造訪山野，鋪滿整片大地的美麗花朵，應該可以說成是植物舉辦婚禮的美麗婚紗。正如各位所知，花中有雄蕊和雌蕊，位於雄蕊的花粉被送到雌蕊上，便會受精和產生種子。

會開出美麗花朵的植物，是靠昆蟲來搬運花粉。當美麗的大輪花朵全都開了的時候，飄來令人愉悅的香氣，昆蟲就雀躍地飛到花上去作客。位於花朵宅邸深處的房間已經準備好許多美味可口的蜜汁來招待這些重要的客人。昆蟲會把來自其他花的花粉當成伴手禮留下，回程時又在身上沾滿雄蕊的花粉，飛往其他花朵。

正如花有各種，昆蟲也有許多不同的種類。雖說都是昆蟲，卻各自有不同的喜好，根據花種不同，造訪的昆蟲物種也不一樣。蜂類喜歡藍色的花，蝶和虻會飛往鮮豔的花。而花朵大人也會配合常客的方便，外面的裝飾及氣味自不用說，就連花朵宅第內部的構造也做得很巧妙。大型昆蟲會造訪的鬱金香及玫瑰的花朵體積大，小型昆蟲拜訪的櫻花和梅花則偏小。不僅如此，開小花的植物會把很多小花聚集在一起，讓別人從遠處就能夠看得見。

請看看杜鵑花，花是朝橫向開的吧，這是爲了要讓昆蟲容易進入所致。上方花瓣中央的斑紋印記像撒了芝麻般，是「此處下方有蜜」的招牌，昆蟲會朝著這塊招牌飛過來。此時雄蕊的花藥會摩擦昆蟲的身體，花粉則像是被線拉扯那樣，從花藥的孔中掉出。

就像這樣，繁殖的時期是植物一生中最複雜巧妙又有趣的階段。像菊花這類植物，大家可能會認爲開得既大又美的那一株就是一朵花，但其實那些彎曲的一片片，才是一朵朵獨立的花，各自有著雄蕊雌蕊，許多花長在同一根莖上共同生活。當有昆蟲飛過來，許多花就能夠一起進行花粉的交易，讓許多花都受精結實，絲毫不浪費。像這樣，繁育種子的機制極爲巧妙的花，就稱爲高等植物。日本皇室紋飾的菊花，或是滿洲國國花的蘭（是菊科中的藤袴，不是一般人會直接想到的蘭科植物的蘭）都被視爲花中之王。

松和杉也會開花，只不過松和杉的花粉並不是借助昆蟲之力，而是隨著風飄到其他的花那裡去，因此就沒有必要像其他花一樣以美麗的顏色或是香氣宣傳花的存在，於是即使花正綻放，也完全不會吸引到各位的目光。

接著來談談，既然同一朵花就有雄蕊和雌蕊，爲什麼還需要從別朵花獲得花粉。即使在花的世界中，也是講倫理道德的。雌蕊和雄蕊的成熟時期有著明確的遲緩快慢，正如同人類世界，要盡可能避免近親繁殖。石竹等植物就是很好的例子。

其他植物中也充滿著越研究就越覺得有趣的對象。假如這個世界上沒有植物的話，山林原野全都光禿禿的，會是多麼寂寞。除此之外，米、麥、蔬菜、水果、藻類食品、和服的原料、紙的原料、建築材料、醫藥原料，全都受到植物的庇蔭。我想請各位不要單只賞花聞香，在好天氣時也到郊外去採集各種植物，研究研究隱藏在美麗花朵中的複雜、神祕姿態，裡頭有著許多樂趣以及珍稀發現，一定能夠爲各位的年輕歲月帶來許許多多的美夢吧。

（一九四四年）

松竹梅

松竹梅所代表的喜慶意義是無人不知、無人不曉。這確實是古人想出來的最好組合，應該沒有人會有任何異議吧。因此在詩歌中被人吟詠也是無可厚非。從前的長歌也有不少會提到它們。此外，在端歌⑥中也有像「青竹牽著梅花和老松妝點新春（梅と松とや若竹の手に手引かれてしめ飾り）」這類句子。

松樹被稱為「百木之長」，松樹是經歷千代也不會變的長青樹，在新春時它的顏色就代表著喜慶。古人也很常吟詠「青松翠綠因著春天來訪更增色

⑥ 端歌：從江戶時期到幕府時代末期流行的流行歌，是三味線小曲的一種。——譯注

（常磐なる松の翠も春来れば今一しほの色まさりけり）」。看到那四時長青盪漾著的翠綠色，就會感到無限喜慶。松樹的青翠不是只有顏色好看而已，松樹的姿態也是氣勢罕有匹敵，樹枝向四方伸展，樹幹朝天空聳立、龜甲般的樹皮像是盔甲，樣貌極爲強健勇壯。正是有了那樣的樹幹和樹枝，才能夠襯托出其翠綠的顏色。

站在巨大松樹的前面仰望，首先打動我心情的是樹幹的男子氣概，其次是樹枝往四方擴張，用力屈伸手肘的樣子，接著是不管風再怎麼大，枝葉也不爲所動，只會傳出古琴的聲音，這就是所謂的松風，又稱松籟。松樹這種剛毅的姿態不知怎麼的讓我感覺很崇高。

假如用松樹來比擬人的話，像車輪的輻條那樣向四方伸出的枝條，能夠比喻爲感情親密的一家團圓的模樣；葉子則像髮簪的簪股，總是隨時相伴、永不分離，正如民謠唱到的「乾枯落地也是兩人同行（枯れて落ちても二人づれ）」那樣，也能夠比喻爲白頭偕老的夫婦，那是人類意義最爲深厚也最重要的夫婦之情。千千萬萬這種和諧同心的夫婦聚集在一起，結成雲般的松樹翠綠，如此說來，也能夠將茂密的松樹比喻爲四海無波的太平之國，沒有比這更喜樂的了。

我們日本有各種松樹，首先，最普通的是赤松與黑松。一般稱赤松為雌松，黑松是雄松。這是我們日本的特產，中國並沒有，中國的松樹是完全不同的物種。赤松在山野隨處能見，黑松則主要生長在海岸方面。

多虧了這兩種優良的松樹，讓我們日本的景色極佳。要是沒有山海這兩員大將在的話，景色必然會變得極為無趣。換言之，從景觀角度來看的話，松一定是國王。這兩種松自古以來就是深具意義的代表性植物，我認為這種美好的習俗一定要永遠流傳才行。

竹和松同樣，因為葉子及莖稈不改變顏色而代表喜慶。俗話說松契千歲、竹契萬代，其實這就是在讚賞其莖葉呢。

即使以竹子概稱，其實包含許多種類。其中的兩員大將首推又名黑竹的淡竹和別稱剛竹的苦竹。它們在古時候被稱為吳竹，雖然吳原本是指韓國，在這裡卻是指中國。換句話說，是從中國傳來的竹子。

原本這兩種竹子都跟知名的孟宗竹一樣產自中國，但是因為在很久以前就已經引進日本，變得好像是日本產一般，所以大家都誤以爲是日本的固有種。

由於竹稈是筆直的，就被比喻爲君子之心。除此之外莖稈上又有許多竹節，便又被比喻爲婦人的珍貴貞節。松是豪壯勇偉的男子，竹是貞節淑德的女性，這不就是極爲般配的雙璧嗎？此外，竹子能乾脆俐落地裂開，所以又被與人類的性格做比較，認爲是人就當如此。

竹稈有節，中空而成爲筒狀，因此即使抵抗強風也不容易折斷，只要看看雪中的竹子就能夠理解。而這種姿態又與反抗精神一致。

從竹子的鞭根也能夠看出它的強度。從前有種說法，要大家在發生地震的時候逃到竹叢裡，因爲竹子的鞭根縱橫交錯，地面不會裂開，所以被認爲是安全的避難所。

有歌謠唱道：「鳥雀優雅停棲竹上（竹に雀はしなよく止まる）。」敏捷的麻雀和姿態爽朗瀟灑的竹子是很好的搭配。此外，從「爲竹當爲紫竹，本株做尺八、中段製笛、末端成筆軸（竹になりたや紫竹の竹に、本は尺八、中は笛、末はそもじの筆の軸）」這段歌詞，也可以知道竹子的氣概。

竹筍會以無比快速的勢頭伸展出來，男子要是敗給這種氣勢的話，被視爲懦弱也是無可奈何的。

從以上敘述，就能夠充分認知到竹子被視爲代表新春喜慶的吉祥物的價值。

梅花被譽爲天下的尤物。比起只有翠綠的松竹還多了顏色，相伴於這兩者旁則多少增添了柔和路線的情趣。何況梅花比百花早開，會以冰肌形容，枝幹則寫作玉骨，展現出脫俗的姿態。還有詩句「暗香浮動月黃昏」比喻其清香馥郁。

有句詩「因是敕令不敢違抗，但若鶯詢該宿何處，得如何回答（勅なればいともかしこし鶯の宿はと問はばいかに答へむ）」，從這個故事⑦而衍生出鶯宿梅之名，再由這個溫柔的鶯宿梅之名，又產生「我是鶯、你是梅、待我終成自由

⑦平安時期村上天皇因宮殿內梅樹枯萎而下令尋找替代品，差役從著名歌人紀貫之的女兒宅第帶回紅梅，枝條上綁著一張短箋，寫著前述詩句。——編注

身，或能成爲鶯宿梅（私しゃ鶯、主は梅、やがて身まま気ままになるならば、さあさ鶯宿梅じゃないかいな、さっさなんでもよいわいな）」此類描繪心情的端歌詞句。

除了前面提到的鶯宿梅，還有「花香誘人，聞香鳥駐停簷邊梅（香に迷う、梅が軒端の匂い鳥）」中所歌詠一般，鶯是梅的寵兒，梅則被鶯懷想，此景很討喜，且確實是新春的景象。

從前，在日本只要說到花，似乎都是指梅花，不過現在提到花，則是指櫻花。我們國內有許多賞梅勝地，其中又以伊賀國的月瀨久負盛名。

梅花原產於中國，但是由於在久遠之前就已經傳入日本，從此繁殖出超過三百種以上，變得像是日本原產。在元旦時使用的梅花「信濃梅」，是梅花的一個變種。

最後一定要說，即使從今日的植物學上看來，這種松竹梅的選擇還眞的很完美。植物界大致區分爲隱花植物與顯花植物兩大類，顯花植物又再分成被子植物及裸子植物兩類，被子植物又再分成雙子葉植物及單子葉植物兩類。

從分類的角度來看松竹梅，松是裸子植物的代表、竹是單子葉類的代表、梅是雙子葉類的代表，代表植物的三界全都包了。即使從今天的相關知識來看，松竹梅的意義也是如此深厚。再看看新年使用的新春裝飾，上面還有代表了隱花植物的裏白。

把松竹梅搭配裏白，就會是首次讓植物界整體的代表齊聚一堂，變得無比喜慶。

（一九四三年）

登富士山與植物

富士山到史前時代都一直在噴火，時不時也會大爆發。這座山有耐心地持續噴火，一定差不多準備要有動作了。但是就像人的憤怒會爆發一樣，富士山也時不時會有大規模爆發，那時流出來的熔岩在富士山的一面固定變硬，痕跡至今仍舊清晰可見。像這樣長久以來慢慢噴火，不停噴射出各種物質，逐年累積之下，終於變成了我們今日所看到的標準錐狀的高山。

當日本邁入歷史時代，富士山的噴發活動已經變得非常弱了。當時雖然並不是完全停止，但後來也終於止息。根據歷史記載，富士山是在孝靈天皇時僅僅一夜就噴湧而出的，不過應該沒有這回事，大概是那時的火山爆發非常劇烈，讓東海變天，改變了富士山的舊觀吧。由於那是還未開化的時代，所以在驚訝之餘，就說成富士山是在一夜之間出現的了。隔壁的箱根山比富士山提早許多年就已停止噴火，富士山則晚了非常多才休止，因此富士山是比較年輕的山，植物種類也就比較少。其實富士山是世界知名的高山，形狀的秀麗程度不是只有三國（中國、日本、印度）第一而已，還可以說是世界第一。但是就如前述，它長久持續噴火，時不時會有熔岩流下或是噴出滾燙的石頭，不停改變山的表面，所以跟其他的高山比起來，植物就少多了。此外，在高山會出現的植物，在富士山也經常找不到，沒有偃松（はいまつ），也沒有日本岩高蘭（がんこうらん）。其他許多高山有知名的岩雷鳥棲息，也有很多偃松，而日本岩高蘭是常綠灌木，會生長在許多高山上，但富士山卻沒有。光是從這幾點來看，也能夠知道富士山是比較年輕的山。

話說回來，富士山不愧是能夠用四面玲瓏八朵芙蓉等來形容⑧，有著極為單純的山型，植物帶的分布也非常有規則，確實照著順序圍繞生長在山的周圍。因此要觀察植物帶的話，富士山是最適合的選擇，其他山無可匹敵。現在稍微來談一下植物帶。首先，山腳通常稱為山麓帶，主要生長於此的植物是一般的草。稍微往上爬，就是森林帶，有冷杉類植物繁茂繁殖，形成大型森林。再往上就是灌木帶，富士山的灌木帶長著深山赤楊（みやまはんのき）、岳樺（だけかんば）。再往上爬就會變成草木帶，此處高山植物繁茂生長。再繼續往上爬，普通的植物就會消失，只剩下地衣、苔蘚類而已。雖然普通草木的生長範圍到前述的草木帶爲止，不過地衣、苔蘚類則直抵山頂。由於地衣和苔蘚也是植物⑨，所以我們雖然可以說在富士山的絕頂沒有一般的草木，卻絕對不可以說沒有植物。由於富士山的植物帶分布非常規則，所以想要做這類研究的人，應該要先來爬爬富士山。

從植物帶的分布來說，富士山眞的非常有規則。而由植物繁殖的觀點來看，富士山就和其他高山一樣，都是北側繁殖得比南側要來得好。富士山的北側向陰，所以植物比南側要來得豐富。這就是富士山植物的大概。

---

⑧ 富士山的山頂因爲有朝日岳、伊豆岳、成就岳、淺間岳、三島岳、劍峰、白山岳、久須志岳的八座山峰，所以又稱爲芙蓉八朵。四面玲瓏是形容富士山不論從哪個方向看過去都是同樣的樣貌。——譯注

⑨ 地衣是藻菌共生體，依現行研究，改歸入眞菌界。——編注

再說到植物種類分布，和其他的高山相較，富士山的植物並沒有什麼特別的種類。其他地方有的植物，富士山也有；富士山有的植物，在其他地方也有。如果和九州最南端或是北海道的盡頭那類位於極端的山比較，當然不同的種類也不少；但是若跟附近的山或是信州（長野）野州（櫪木）的山等比較，有明顯差異的種類就很少了。但是富士山並非絕對沒有特有物種，其中有些物種在富士山和臨近的箱根山皆有，但遠離富士山就找不著。總體來說，富士山到比較近期爲止都持續噴火，所以較年輕、體積大又高，植物的種類卻少。但是雖然說少，也只是跟其他高山相較的結果，還是有各種長在高山的不同的植物生長於此。

接下來談談在富士山應該要注意的植物。首先，在富士山有一種日本其他地方都沒有的植物，那就是紫木綿蔓（むらさきもめんづる），這是一種黃耆。黃耆是中國的藥草，由於黃耆跟紫木綿蔓很像，所以紫木綿蔓又名富士黃耆。它生長在沙中，根通常長得非常大；是豆類植物，葉片呈羽狀，花爲紫色，開在鮮綠色的葉片之間非常美麗，很適合當園藝植物。紫木綿蔓並不是日本特有種，在西伯利亞也有，不過在日本的領土上，除了富士山以外就沒有別處有生長了。

其次在富士山應該要注意的植物是富士薊（ふじあざみ），在日本的薊屬之中，這種植物最大，應該在全世界中也是屬於大型的種類吧。花的直徑有六公分大。葉片強健巨大、有刺，往四方伸展的樣子看起來非常的勇壯。它們的根稱爲牛蒡，挖掘出來可食用。這種薊的分布地區不只在富士山，日光和信州也有。總而言之，非同一般，而是很珍稀的種類，而且尺寸之巨大也跟富士山很相襯。

齒葉南芥（富士はたざお）長在從馬返附近到六合目⑩之間的砂地，是一種筷子芥屬植物。雖然不會開特別美麗的花，但是在富士山以外基本上是找不到的。我認爲它們很適合種成盆栽。

富士山有種御蓼（おんたで），是一種蓼科植物，生命力強健，往山上可長到四、五合目附近。從植物學觀點來看，這種植物的有趣之處在於根非常

⑩ 以山頂爲十合，六合目相當於爬了六成左右的高度。富士山六合目海拔約二千五百公尺。——譯注

長，因爲山上的養分少，所以有必要把根拉長以便多多吸收養分。此外由於高山風勢強勁，不延展開根部的話就有可能會被吹走，於是御蓼的根就伸得又長又深。再加上冬天時高山下雪會變得相當寒冷，爲了要保住生命，就得額外儲存養分才行，因此根的長度可以長到超過三公尺，並往地底深深探入。爬山的同時好好注意這些部分，不要只是觀察表面，而是詳細觀察，甚至到了挖掘植物的根出來檢查的程度，這樣就會既獲得收穫又有趣。

苔桃（こけもも）在富士山上也很常見。這種相當矮小的灌木在冬天仍保有葉子，會結紅色果實。附近居民會摘來鹽醃以後食用，或是製作成果醬或羊羹等食品販賣。苔桃還有一個日文名字爲濱梨（はまなし）⑪，奇怪的是，明明生長地區不在海濱而在山上，名字裡卻有濱字，但是仔細想想，富士山這類高山上有許多的沙子，景觀看起來就像是海濱一樣，像加賀的白山山頂也有稱爲御濱的地方，所以這種植物生長在富士山上的沙地，果實又柔軟而富含水分，就被稱爲濱梨了吧。苔桃產地不僅限於日本，在世界各地的高山上都有，廣泛分布於全世界。

日本草莓（しろばなのへびいちご）會開白花，是西洋的草莓屬植物中的日

本特有種，經園藝家改良後長出甜美的果實，再加上果實有股香氣，所以雖然形狀不大，卻由於顏色美、味道佳而令人難以捨棄。它很適合種植在庭院裡，而且開出的花朵有點像梅花，非常可愛。世人在爬山的時候，得要盡量用這種學術的眼光來觀察才行。

日本落葉松（ふじまつ），這種落葉松無人不知，帶著學術眼光來觀察的話，也會非常有趣，因爲只要是有溪溝山泉而崖壁崩塌、地表裸露的地區，一定會有這種樹生長。因此若是在富士山等山峰下方看到有這種松樹，就證明了從前附近發生過山崩、讓森林禿了一塊。所以看到這種松林的時候，若只想著「這裡有片松林」的話就不有趣了，一定要是「呵呵，這裡發生過山崩呢、這裡曾經火燒山導致地面裸露呢」進行考證才行。換句話說，就是只要森林中有落葉松的話，就得要認爲這裡曾經缺乏植被才對。

---

⑪ 以はまなし稱呼苔桃，是富士山區域獨特的用詞。在日本其他地區，はまなし（hamanashi）爲はまなす（hamanasu）的別稱，代表玫瑰（*Rosa rugosa*）。——編注

接下來是高嶺薔薇（たかねばら），這種薔薇會開非常美麗的花，雖然在其他地方罕見，但是在富士山卻有許多。它非常適合當成園藝植物，只是世人尚未採摘來培育成園藝植物而已。要是摘來作園藝植物的話，一定極爲有趣。

也來談談富士櫻（ふじざくら），又稱豆櫻，東京附近也移植許多了，開出的花相當漂亮。在五月左右爬富士山，正好是這種花的盛開期，相當具有可看性。這種富士櫻有一個變種，花萼完全是綠色，是由御殿場的實業學校校長山出半次郎所發現的，非常罕見。我將其命名爲「綠櫻」又名「綠萼櫻」對世界發表，學名取自山出的姓，命名爲 *Prunus incisa* var. *yamadei*⑫（發表於我經營的《植物研究雜誌》上）。

富士薔薇（ふじいばら）也是我命名的，會開白花，莖幹直徑會長到三公分左右。雖然這種植物在箱根也有許多，不過由於在富士山最多，所以就命名爲富士薔薇了。

富士小連翹（ふじおとぎり）是富士山的特有種，會開漂亮的黃花。這是一種普通的小連翹，叢生。普通的小連翹隨處可見，但是關於小連翹的日文名

字おとぎり草（otogirisou）卻有個滑稽的典故：從前有位飼育訓練老鷹的匠人，他知道這種草能夠成為給鷹用的藥，但當成祕密不告訴別人。當他的弟弟把祕密洩漏出去之後，哥哥一氣之下就把弟弟給斬了，於是這種草就稱為弟切草（otogirisou）。

富士山還出產一種叫做草蓯蓉（おにく）的植物，在富士山有人販售，可做藥用，又稱為金精茸（キムラタケ，kimuratake）。這種植物不只產於富士山，在野州日光的金精峠也有許多。這個埡口之地祭祀崇拜男性生殖器的金精大明神，因此稱為金精峠。由於草蓯蓉也生長在這座山，原意「金精峠的茸」（kinmaratake），經過發音轉換而成金精茸（kimuratake）而指稱這種植物。草蓯蓉大量生長在深山赤楊的樹林中，寄生在它們的根上，長度可達三十公分左右。雖然從前研究中藥草的學者以為它們跟肉蓯蓉（中國的植物）是一樣的，但是現在已經知道它們是完全不同的植物了。不知為何，貓特別喜愛草

⑫ 現在學名是 *Cerasus incisa var. incisa f. yamadei* 。——譯注

菝葜。衆所周知，貓喜歡木天蓼，但是喜歡草菝葜的事情卻不太爲人所知。有人聲稱它對人類也有療效，但不知道效用是甚麼。草菝葜並非日本的特產，在西伯利亞一帶也有分布。

（一九三六年）

日本山茶、茶梅、唐山茶

日本山茶

日本山茶（ツバキ）是每個人都很熟悉的花木。它是常綠樹，四時長青，葉片既大又光滑油亮，光是看著葉片繁茂的樹就覺得很有氣勢，而且在綠葉間綻放的花朵大而豔美，因此廣受大家喜愛。

說到爲什麼會幫日本山茶取名爲ツバキ（tsubaki），據說是由於葉片很厚（atsui）而稱之爲アツバキ（atsubaki），然後再把ア（a）去掉而來。另一種說法是這種植物是光葉木（terubaki），把光（teru）縮短以後而成。還有另一

種說法表示，這個名字大概是艷葉木（tsuyabaki）的意思，後來才變成 tsubaki。後兩種說法都是基於葉片光澤而來的。

大家可能會認爲日本山茶只生長在溫暖的地區，但絕對沒有這回事。往我國北方走，不論青森縣或是秋田縣都有野生的。我在秋田縣看到的山茶還生長在相當高的山地，不過那裡的樹雖然長得茂密卻不太高。而在我國南方的溫暖地區，則不但枝葉繁茂、分量也多、樹高很高，甚至還有樹幹很粗的呢。

在山野中野生的日本山茶稱爲山椿或藪椿，花朵開單瓣，而且顏色幾乎都是單色的紅色，不過並非沒有白色或是淡紅色的，只是極爲少見，通常不論去哪裡看到的幾乎都是開紅色花。

日本山茶在春天開過花後，到了秋天就會結出相當大的圓形果實。這就是日本山茶的果實，在部分地區的方言中被稱爲カタシ（katashi）。秋意漸濃後果實會裂開，大型的黑色種子從中落地，揀拾起來榨油就成了所謂的山茶花油。通常是婦女爲了美觀而抹在頭髮上，但是這種油用來炸天婦羅也表現極佳。

雖然正如前述，野生（自然生長）的日本山茶花色只有一種紅色，葉子的狀態也長得一樣，但是由人栽種的日本山茶花朵既多樣，葉片也往往形狀不同。像是柊葉椿、金魚椿等品種葉片形狀奇特，有些葉片上有斑點。而花朵如眾所周知，顏色有紅有白，還會有濃淡的差異，甚至還有花色斑駁的、有條紋的、有星點的等等，各自不同。花也有單瓣或是重瓣（程度不一），花朵體積更有大小之分。這些種類的花型通常都還是日本山茶天生的模樣，花瓣在底部連結成一體，花謝時會啪嗒一聲整朵落地；但也有稱為散椿的品種，花瓣會散成一片片掉落。此外，還有雄蕊花瓣化的品種等等，樣貌眞是五花八門，這些園藝品種算下來超過一兩百種。

這麼多品種全都是由前述的單一一種山椿衍生出來，在長久的歲月之間經過人手栽培，出現了一兩個變種，再漸漸繁殖出不同的新變種，最後成爲像今天這樣許多品種。今後若是想要繼續經由人工培育出新品種的話，就要期待園藝家的本事了。

往昔應該有熱愛日本山茶，會蒐集各種品種的人吧，不過今天應該已經沒有特別以此爲嗜好的狂熱愛好者了，因此各種各樣的品種大概只能在植栽店看到。可是這樣又會讓人覺得有點不太過癮。再怎麼說，日本山茶都是我國的名花，能夠開出那樣的美麗花朵，搭襯葉片足以供人觀賞，理論上應該會有以收集這種花爲樂的人出現才對，其實這是我對這種東洋著名花木所懷抱的私心期待。沒有人想要收集日本國內的各式品種齊聚一堂，造個山茶園嗎？假如有人願意做這件事，絕對能夠蓋出一個可以睥睨全世界的日本人的山茶園。倘若把一整座山都營造成山茶園，一定能夠成爲流傳後世的日本山茶名園。山茶很容易栽培，比想像中不費工夫，所以我相信經營管理應該也不會太難才對。

由於日本山茶變成世界常見的普通花種，不太吸引人們的注意，但是仔細想想，能夠開出像山茶這樣美麗花朵的樹並不多呢。即使是只有一、二尺高的小樹，不也會開出大而美的花嗎。花與常綠的葉片互相映照，出色程度眞是無以倫比。因此西洋人對日本山茶甚感興趣，從很久以前就把許多苗木移植到歐洲，並極早就出版圖鑑，書價超過百圓，日本只能甘拜下風。

日本自古就有許多日本山茶的繪圖，其中也有畫得相當好的，但卻從沒有出版過一本對得起日本山茶之國顏面的大型書籍。日本山茶既出身本國，又是東洋引以為傲的花，卻落得這樣的待遇，實在令人感到無比遺憾，日本山茶一定也暗自落淚，覺得世人無情吧。

日本山茶在中國也有，稱之為山茶，由於嫩葉可以泡茶喝而得名，但在日本卻沒有這樣的習慣。從前的日本人把中國的海石榴這三個字套用成日本山茶的漢字名稱，不過這只是日本山茶中的某個品種的名字，不是代表整體日本山茶的名字。代表整體的中文名是前述的山茶。

大家必須知道，雖然日本山茶通常是寫成椿，但這並不是中文名，而是日製漢字，和峠、榊、働等字一樣，都不是來自中國的漢字。日本山茶的花是在春天盛開，於是就以木字偏旁加上一個春字來稱呼日本山茶，就跟在秋字加上個草字頭造出「萩」字來稱呼胡枝子（ハギ）屬的植物有同樣的意趣（中文也有萩這個字，但意義完全不同，只是字的寫法完全相同而已）。因此椿這個字既然是日本自己造的字，原本應該並沒有來自中國的發音才對，但硬要安上一個字音時，也就只能有邊讀邊，念成「春」了。

然而世間卻把用來指日本山茶的椿字讀成チン（chin），這非常滑稽，或該說是認識不足。這是從前人們，不，應該說是學者，就像是把味噌和糞一視同仁，用這種態度來面對椿字的結果。

中國當然也有名字中帶椿字的物種，那種植物現在也已引進日本各地種植，在我國稱爲チャンチン（chang-chin，香椿）。如此稱呼的原因，大致上是從香椿的中文發音訛傳而來。再說到爲什麼香椿會叫香椿，是因爲中國有種樗樹跟它長得類似。樗樹現在也已經引進日本，在各地都能夠看得到。起初樗樹又稱神樹，現在則稱爲庭漆（ニワウルシ）。這種樗樹的嫩葉很臭，一般並不會拿來食用，但是香椿則不一樣，有著一定程度的香氣，嫩葉也可以食用。因此樗就稱爲臭椿，與香椿區別，而香椿的中文發音就是 hyang-chin（ㄒㄧㄤㄔㄨㄣ），再如前述，在日本被念錯變成 chang-chin。

這種香椿是落葉灌木，有大型的羽狀葉，在前端有圓錐狀花序，並點綴著淺綠色的細花，跟日本山茶毫不相像。應該是由於看到這種樹的名字有個椿字，和日本山茶的和製漢字的椿字一樣就混爲一談，於是把日本山茶的椿也讀成 chin，眞是錯得離譜。

據說香椿的古日文名稱作タマツバキ（tamatsubaki，日本女貞），於是才會使香椿的椿字錯誤套用到ツバキ（tsubaki，日本山茶）。除此之外，他還說香

椿自古以來在我國就很多，只是古人不知道，所以特地從中國引進香椿的苗木，種植在山城宇治的黃蘗山萬福寺。雖然在黃蘗山種植香椿是事實，但是其他部分則是錯誤的，日本絕對不產香椿，沒有自古就在日本生長這回事，因此這種樹不可能擁有自古以來就存在於日本的「日本女貞」之名。

據說距今大約兩百七、八十年前的寬文年間（一六六一至一六七三年間），香椿首次引進日本，如前述這樣，初次被種植在黃蘗山萬福寺，傳說在萬福寺中有一陣子出現過香椿料理。此後這種樹逐漸擴及各地，現在隨處可見。它們沒有太大功用，在日本沒有人吃它們的嫩葉，在庭院內是以種好玩的爲多，不過在越後也見過種來曬稻子的。這種樹很常從根部發芽，輕易就能夠以分櫱來進行繁殖。嫩葉是紫色的，初夏枝頭上發芽時，外觀就跟其他樹木不同。

這種樹的名字除了香椿之外，還有多個別名：傳說只要種了就不會遭雷擊而稱雷樹（カミナリノキ）、由於樹幹筆直高聳而叫做破雲（クモヤブリ）或續天（テンツヅキ）、因爲繁茂葉子常高掛枝頭遮蔽日光而稱爲遮陰樹（ヒヨケノキ）。除此之外，還有シロハゼ、ユミギ、ナンジャノキ等的方言。

日本山茶有八千代椿的美稱，典故出自中國的《莊子》：「上古有大椿者，以八千歲爲春，八千歲爲秋。」

古人把在這本書中提到的能夠保持八千歲長春的大椿跟我們的日本山茶視爲同種，再加上我們的日本山茶承繼了中國的椿之名，於是兩個因素共同衍生出八千代椿之名。

由於這個名字很吉利，於是又再旁生了一個表示讚美的「玉椿」之名。八千代椿和玉椿都不是實際指稱日本山茶的植物名字，也不是香椿的植物名，只是單純從文學中誕生的名稱而已。

前幾年我到紀州去旅行的時候，看到在新宮那個小鎮的店面把日本山茶的葉子每十片綁成一綑販賣，我問店家用途，得到的回答是把這個葉片捲起來，在另一端塞入切好的菸草，就可以像雪茄那樣抽菸了。我對於這種原始使用方法覺得非常有趣。

把鹿放到山裡，牠們會特別去吃日本山茶的樹皮，卻對其他的樹不太有興趣。走進安藝國的嚴島（宮島）的山林裡，就會發現到處都有被鹿吃掉樹幹上的樹皮而受傷的樹。

鹿究竟為什麼喜歡吃日本山茶的樹皮，先別忙著提問，答案其實只是個冷笑話而已，沒有什麼大不了。因為鹿在山裡面跑來跑去，口渴了就去喝茶止渴。連這種冷笑話都拿出來寫在文章裡，就已經寫不出什麼正經話了，日本山茶的部分就在這裡斷然結束吧。

茶梅

日本山茶的姊妹品種茶梅（サザンカ）是種植在庭園裡面的常綠花木，在各種花已經凋謝的深秋時分會開出美麗的花，所以廣受喜愛。

這種樹也跟日本山茶一樣原產於日本與中國。在我國，會在四國、九州的溫暖山中自然生長，開單瓣的白花。而經人手培育栽植的品種則有多種不同花色，花形也有大小之分；整體來說，培育品種的葉片通常又寬又厚。這是長久培育的成果，其母株則是前述的野生茶梅。

雖然茶梅也是在花期結束後結實，不過這種樹是在秋天開花，果實要到隔年秋天才會成熟。果實比日本山茶的小很多，又圓又有細毛，在成熟時會

裂開，散落黑色的種子。跟山茶花油一樣，這種種子也可以榨油。茶梅的果實在日文中稱爲小ガタシ（kogatashi）或姬ガタシ（himegatashi），這些名字也能用來稱呼樹木本身。

古人把這種樹套上中文的山茶花之名，サザンカ這個日文名稱大概就是因此產生。換句話說，日文名サザンカ（sa-zan-ka）就是由中文山茶花的讀音（san-za-ka）經過轉換，爲了發音方便而變更而來。但是山茶花裡的「山茶」一詞原本是日本山茶的中文名，所以套用在茶梅上面完全不正確。

基於前述，我們應該不要再把茶梅寫成山茶花。而且從來沒有任何典故根據表明該把茶梅寫成山茶花，這實在是隨便亂套的結果。再考量前述理由，要是單獨只寫「山茶花」一詞，持舊有說法的人會以爲這是茶梅，植物學家會認爲這應該是日本山茶，結果說的是兩種不同植物，變得很混亂。茶梅只要寫成片假名的サザンカ就好了，要是想要使用漢名的話，就應該要寫成茶梅或是茶梅花。這個典故出自於中國的書籍《秘傳花鏡》。

唐山茶

另外還有一種山茶稱爲唐山茶（トウツバキ），是在德川時代由中國引進的花木，不論葉、花和樹形都跟日本山茶很類似。它的普通品種的花朵碩大，顏色呈鮮紅色，花瓣多少有點疊在一起。不出所料，它和日本山茶一樣在春天開花。葉片比日本山茶要稍微窄一點，葉片質地很脆弱，特徵是表面的葉脈有明顯的溝紋。

後來出現的種類有數寄屋（スキヤ）、初雁（ハツカリ）等。侘助（ワビスケ）、紅侘助（ベニワビスケ）、胡蝶侘助（コチョウワビスケ）等品種其實也屬於唐山茶系統。這些品種混雜在日本山茶之中，一般人無法區分是屬於日本山茶系統還是唐山茶系統。不過有個分辨的關鍵，就是花中的子房有毛的是唐山茶系統，沒有毛且很平滑的是日本山茶系統。但是到了侘助等品種出現時，它們的毛就退化到幾乎消失，大概只能看到少數幾根，導致分辨困難。

（一九四三年）

仰天山茶

在寺田寅彥博士[13]著的《柿種》收錄著以下的文章：

「今天早上院子裡的地上也躺著一朵日本山茶花。仔細看過花粉的痕跡之後，知道它曾經朝下掉在地上，再翻轉變成朝上。我測定過後便記在調查手冊上。在這期間，只要我見到植物學家，就會問問看有沒有誰在研究山茶花落地後為什麼花朵會變得朝上，但結果好像沒有人在做這類

⑬ 寺田寅彥：日本的物理學家、俳人（寫俳句的人）、散文家。——譯注

研究。花還長在樹上的期間是植物學的問題，在離開樹的那個瞬間之後的狀況，好像就完全不再成為問題了。學問這種東西真是受限啊。關於已掉落的花的花粉會不會對仍掛在枝頭的花的授精過程造成影響，

『落花瞬間，虻忙吸蜜，倒蓋椿花下（落ちざまに虻を伏せたる椿かな）』

這句夏目漱石大師詠的俳句究竟是實景還是想像呢？對於這主題的討論，我的文章應該不用多久就能獲得多少可供參考的結果了吧」

那麼，由於我迄今經常看到日本山茶的花朵朝上掉落在地，所以對於這個問題不怎麼感興趣，反而把這件事當成理所當然，而且還相信從物理學的角度來看，花落地時會朝向上方相當合理。重的物體先著地，輕的物體會晚一點著地，從引力作用來看，這是很明顯的事實。

日本山茶的花朵本體厚重，花瓣邊緣向外擴展而變得輕薄，於是在離枝的瞬間，即使一開始當然是朝下掉落，但是不久之後就會在半途中，在半空中漸漸翻轉，讓花朵邊緣（也就是朝下的那一面）變得朝向上方，花朵本

體在下，啪嗒一聲落地，完全不是什麼罕見現象，眞的是理所當然的掉落方式。

春天到伊豆的熱海等地，在花朵盛放的日本山茶樹下地面會散落許多花，看起來多半是仰天層層堆疊的樣子。在這麼多花中，有些是從高樹上落下、或者由於風吹、因爲吸食花蜜的鳥類的動作，又或者是基於掉落時的勢頭，導致有時候也有一些花是俯伏地面，不過看起來大多數的花還是仰臥的。

因此要看從那朵花原本所在的枝子到掉落地面之間的空間距離，假如樹枝越接近地面，也就是說和地面之間的距離短，花朵來不及翻轉，落下後就有可能維持花朵朝下的模樣。

雖然寺田博士那天檢查的花好像只有一朵而已，並沒有提到任何花的樹枝和地面之間的遠近距離，不過從文章的字裡行間可以察覺，應該不是從高處掉落下來的。

再加上距離短，所以那朵花就維持朝下的方向落地，再因反作用力而急速翻轉，變成朝向上方。從文章中的意思也能夠知道，所謂「花粉的痕跡」，是花粉附著在地面上，從這點可看出花朵一度是朝下落地，花粉擦到地面，同時又因地面的阻力而立刻翻轉。花不是在空中，而是在地面上翻轉，立刻變得仰天朝上。寺田博士的文章之所以沒有提到花朵的本體跟邊緣輕重有別，應該是由於他做實驗的花沒有在空中翻轉，而是在地面翻轉所致吧。因此我看到這段文字時，就知道寺田博士沒有觸碰到山茶落花翻轉的全貌，僅僅觸及問題的一角而已。

再說到落花的花粉能不能參與未落花的授粉過程，也就是對受精有沒有幫助，我認爲是可能的。因爲即使花已經掉落，花粉的機能仍然健全的情況也不算少見。

「落花瞬間，虻忙吸蜜，倒蓋椿花下」

雖然這種場面有可能出現，但應該是以不出現的狀況爲多，因爲花落後是仰天朝上的。從而這句俳句雖然很巧妙，卻讓我感覺無法表達眞實狀況。

（一九五六年）

高知縣立牧野植物園提供

書付花一家言

「菖蒲花開在書付花群中，是誰標記著要摘下染衣裳啊（花がつみまじりにさけるかきつばたたれしめさして衣にするらん）」

——藤原公實

「染獵衣的書付花，又到花開時節（狩人の衣するてふかきつばた花さくときになりぞしにけり）」

——藤原基俊

書付花（カキツバタ）是衆所周知的鳶尾科鳶尾屬（Iris）的一種，學名爲 *Iris laevigata* Fisch.。它們是宿根草，分布於西伯利亞、華北一帶到日本，

在水邊或是濕原自然生長，在我國當然也找得到野生植株，但通常多半是被人栽種於池畔。

這種草在冬天時葉片會枯萎，到春天時再從舊根萌生出來、在夏秋時繁盛。根莖是橫臥分枝，劍狀闊葉形的葉片呈跨狀式生長，葉尖爲銳角，葉色鮮綠，質地平滑。一、二片葉依著葉片之間的直立綠莖互生，在莖的頂端有二個鞘苞，苞中有三朵花，每天各開一朵。花爲美麗的紫色，外側的三大片是萼片，形如花瓣，但在萼片之中往上豎起的那窄窄的三片才是眞正的花瓣。在萼片柄的內側有一根雄蕊，也就是說一朵花有三根雄蕊。它們的花藥是白色的，往外方裂開吐出花粉。中央有一個花柱，分裂成三根，花柱的莖靠在萼片上面覆蓋住花藥，在其末端有兩個裂片，而在其外方基部之處有柱頭。這種花是蟲媒花，必須借助昆蟲的力量來授粉，由蟲子幫忙把雄花的花粉送往柱頭。然後子房位於花的下方，也稱爲下位子房，在花授粉結束凋謝後會結出果實，果實成熟裂開後放出種子，枯掉的果實依然豎在原處。一般常見的書付花普通種是紫花種，此外也有稱爲白色書付花（シロカキツバタ）的白花種，以及稱爲鷲尾的白底帶紫斑的種。在鳶尾屬之中，書付花最有氣質、最具優雅風情，同屬的其他種遠遠不及。這就是自古以來和歌跟俳句等絕對不會漏提它們的原因。

探討書付花的語源，會發現可能來自「書き付け花」（kakitsukeba-na）⑭。這正是研究本國學問的學者荒木田久老拿來說服別人用的說法，頗有說服力，所以我現在就來介紹荒木田氏的說法，以下文章刊載於荒木田氏著的《槻之落葉信濃隨筆》（槻の落葉信濃漫録）中，距今一百二十一年前的文政四年（一八二一年）出版。

書付花

根據波太波奈的說法，かきつばた這個花名是源自花形很像燕子展翅飛翔，所以稱為翅燕花（kakeritsubahana）。國學家荷田春滿的這種說法，我在

⑭ 書付的意思是筆記。——譯注

讀他所著的《冠辭考》時原本覺得很棒，但在思考過後認為那應該是從燕子花的漢字聯想而來。在更深思熟慮之後，我想到在《萬葉集》第七卷有「住吉淺澤小野的加吉都播多，不知何日方能染衣著裝（墨吉之浅沢小野乃加吉都播多衣爾須里着将衣日不知毛）」的和歌，另外，在同卷還有「加吉都播多花染衣，裝扮氣概男兒們，狩獵之月將到來（かきつばた衣に摺つけますらをの服曾比猟キソヒカリする月は来にけりとありて）」的詩句。上古時代不像現在是製作染料來染衣服，而是用樹實或是堇菜、書付花等顏色美麗的東西摩擦布衣而著色。這種摩擦上色又稱為かきつく（kakit-suku）；而同樣在《萬葉集》第七卷還有「鷲鷹所棲，雲梯般參天森林，以彼菅根描付衣裳，可有佳兒願著哉（真鳥住卯手の神社の菅の実を衣に書付令服児欲得）」的歌。那個書付花（kakitsukebana）就是書付花。「著」（tsuku）是古語，つき（tsuki）つく（tsuku）つけ（tsuke）等詞彙中，き（ki）、く（ku）和け（ke）都是額外添加在用言⑮之後的字，詞彙的意思就是原本的「著」也就是到著、抵達，「應該要知船駁到著之處謂之津（船のつく所を津といふにて知るべし）」（以下省略）。

看前面這段應該就很清楚書付花的語源了吧。

昭和八年（一九三三年）六月四日，我和廣島文理科大學植物系的幾位職員一起，爲了要進行植物野外實習而帶著同校的學生前往安藝國山縣郡八幡村。這個八幡村位於安藝國西北角，而村落的西北就是和石見國的交界。村莊田間的廣大土地長遍了野生的書付花，那時正好花朵最爲盛放，我們偶然在最佳的時機目睹美景。我仔細地盯著瞧，不久之後想到我國上古時代的人會用這種花摩擦衣服，就立刻摘了花瓣，嘗試摩擦我的白手帕，結果手帕染成了顏色濃淡均勻的紫藤色，我乘興又拿來擦在當天穿著的白襯衫的胸口附近讓它染色，很開心地沉浸於思古幽情中。我覺得要拋下這些花離去實在令人鬱悶，在花朵附近低頭沉思緩步時，腦中又突然浮現了以下詩句。我對吟詩完全外行，當然沒有寫得很好，不過在此寫下那些當場吟詠而生的句子，當成對那時候的紀念：

---

⑮用言：日語文法中單獨出現就能構成語句表達含意的詞稱爲自立詞，自立詞中有文法變化的詞即爲用言。包括動詞、形容詞、形容動詞。——編注

「那爲衣染色的故里嗎，書付花（衣に摺りし昔の里かかきつばた）」
「染在手絹予人看，書付花（ハンケチに摺って見せけりかきつばた）」
「染在白衫賞看，書付花（白シャツに摺り付けて見るかきつばた）」
「業平若到訪，此地也吟歌（この里に業平来れば此処も歌）」
「絲毫不遜色，光琳屏風啊（見劣りのしぬる光琳屏風かな）」
「越看越懷念，書付花（見るほどに何となつかしかきつばた）」
「離開叫人愁，盼目睹花謝，書付花（去ぬは憂し散るを見果てむかきつばた）」

眞的是很幼稚的俳句啊。雖然寫是寫了，背部卻冷汗直流呢。

深江輔仁的《本草和名》完成於距今一千多年的久遠之前，書中寫著加岐都波太（kakitsubata）又稱作蠡實、劇草、馬蘭子等。源順在一千多年前完成的《倭名類聚鈔》同樣也寫著加木豆波太（kakitsubata）又稱劇草和馬蘭。接著是撰於九百多年前的《本草類編》，也把加岐都波奈寫成蠡實。但這些全都是誤用了其中文名字，這些全都是同屬的馬藺的名字。

把書付花寫成加木豆波太、加岐都波太、加吉都幡多、華己紫拔他、或

是加岐都波奈，全都是單單把它的日文名按照發音寫成漢字而已，這也就是所謂的萬葉假名。而同樣是寫成漢字的還有垣津幡、垣津旗、垣幡。此外，書付花的別名雖然還有カイツバタ（kaitsubata）、貌吉草（kaoyogusa）、カオヨバナ（kaoyobana）、カオ花（kaobana）、貌花（kaobana）、容花（kaobana）、可保婆奈（kaobana）、可保我波奈（kaogabana），但這些主要是用在古歌上，現代日文一般只會通稱カキツバタ，不會特別用別的名字稱呼，只是偶爾會簡稱カキツ（kakitsu）而已。

中國的植物有種稱爲杜若的草，我國的學者很早就相信那就是書付花。這種舊時的考訂延續至今，已經深深印在俳人、歌人的腦袋裡很難改變，而被尊爲俳聖、歌聖的人又是特意使用這種錯誤的字眼，導致現今人們所作的新句新歌也是墨守成規，頻頻遵循舊習使用錯誤的字眼，無疑暴露出這些人對草木名稱完全欠缺素養，眞的非常遺憾。我想要很勇敢地不停糾正這類文學方面的錯誤。現今日日都在進步的教育是絕對不可以走回頭路的。

要說起過去我國究竟是誰開始把中國的杜若說成是書付花，我認爲應該是距今九百多年前由丹波康賴撰寫的《本草類編》，這本書也把蠡實視爲書付花。接著《下學集》也把杜若寫作書付花。這樣看來，把書付花視爲杜若的歷史也相當久遠了呢。

人們長年使用杜若這個漢名，到了距今二百三十四年前的寶永六年（一七〇九年），貝原益軒在他所著的《大和草本》中否定了自古以來把書付花視爲杜若的說法，更發表了他的考察，認爲杜若應該就是筑前方言的ヤブミョウガ（yabumyouga，和鴨跖草科的杜若〔ヤブミョウガ〕同名不同種），也就是山薑（隷屬薑科）。

接著稻生若水、小野蘭山等學者登場推出了新學說，認爲杜若既不是書付花也不是山薑，而應該是杜若（ヤブミョウガ，鴨跖草科）。由於他們是受人景仰的一流學者，所以後來的多數學者就大家都翕然贊同此說法，幾乎沒有人懷疑杜若不是藪茗荷。

然而後來岩崎灌園在他所著的《本草圖譜》推翻了前述幾位前輩的說法，提出創見：這種被日本人誤以爲杜若的植物應該是山月桃（屬於薑科，產於中國及日本的溫暖地域）。這個是最穩當的看法。也就是說，可以相信日本的杜若應該是山月桃應該是不會錯的鑑定。

據此觀之，貝原益軒把日本的杜若視為蘘科的山蘘，他的意見雖不中亦不遠矣，而且我們可以從中窺見益軒的眞知灼見，因為他的意見最接近把杜若視為同為蘘科的山月桃的正確說法，比起把杜若說成是書付花或是杜若（鴨跖草科），他的洞察力可是優秀許多。

那麼，說日本的杜若不是書付花的我國諸位學者，也就是以稻生若水、小野蘭山為首等人，時至今日所有人都一臉理所當然地說燕子花就是書付花，但是我看到他們輕鬆無疑的表情時就不由得想要哈哈哈哈哈大笑出來，然後對於他們明明有錯卻完全不知醒悟的態度感到同情。因為書付花絕對不是燕子花。那麼，要是你問我否定這個大眾普遍認知的根據究竟在哪，我會毫不猶豫地告訴你就在這裡，就是我接下來要說的內容。

斷定燕子花絕對不是書付花的名字，其根據出自宋朝的朱輔（桐鄉人，字季公）所著的《溪蠻叢笑》這本書，那段文字是：

「紫花全類燕子，花生於藤，一枝數葩。」

內容非常簡單，卻清楚地描述了其性狀。然後，這種燕子花還有紫燕以及煙蘭的別名。

用前述《溪蠻叢笑》的文字對照書付花的形狀，會看到兩者之間有些部分截然不同，馬上就能夠判斷書中的燕子花絕對不會是書付花。在距今二百十五年前的享保十三年（一七二八年），後藤棃春首次提出論點，認爲刊載於《溪蠻叢笑》的燕子花是藤生，和書付花不合。他的觀點收錄於《本草綱目補物品目錄》，本作品在寶曆二年（一七五二年）出版成書。此外，畔田翠山也在他的《古名錄》述說了同樣意見，兩者都否定了書付花是燕子花的說法。而其他學者卻對這兩位慧眼獨具的學者敲下的警鐘充耳不聞，不認清自己的錯誤，眞是讓人同情。

書付花的花形絕對不像燕子，但是在相信它是燕子花的學者之中，也有人想要盡量把它跟燕子扯上關係，爲此而煞費苦心，硬是寫成「花開於夏季，其花瓣長而軟，形似燕尾」等。燕子的外觀本來就是前方有一顆頭，身軀左右有翅膀，後方有左右對稱分成兩叉的尾，和形狀呈現整齊均等的輻射對稱的書付花花容完全不一致。接著下一句「花生於藤」，意思是花長在瘦長纖弱的莖，也就是藤蔓般的莖上面，而我們的書付花的莖是一根直挺挺，再怎麼樣也絕對沒辦法形容成像藤一般。還有「一枝數葩」這句，數葩是數朵花的意思，所以假如在一根樹枝上沒有開四、五朵花，或是七、八朵花的話就說不通；但即使書付花的莖頂鞘苞中有著二朵或是三朵花，花也是照著順序新陳代謝，一天只開一朵，絕對不能說是數葩（開好幾朵花）。

如上述宣告這種燕子花絕對不是書付花，就會遇到「那麼，燕子花究竟是哪種植物才對」的問題。這可以說是非常引人入勝的裁決。

依我個人判斷，我相信這種燕子花，也就是前述的《溪蠻叢笑》的燕子花，是屬於毛茛科飛燕草屬的一種大飛燕草（變種）*Delphinium grandiflorum* L. var. *Chinense* Fisch.。這個物種野生於華北以及滿洲，是很常見的植物，在秋天會開出美麗的花妝點野外。看看這種草的模樣，會發現和《溪蠻叢笑》的敘述非常吻合。縱然那本書中的文句很短，但是只要細讀玩味就能夠稍稍捕捉到重點。這種植物的日文名爲オオヒエンソウ。

按照前面討論，假如書付花不是燕子花，接下來的問題就是：這種草的中文名究竟爲何。但是我孤陋寡聞，還不知道書付花的正確漢名。由於書付花在華北也有，它一定會有中文名字，但是我還無從得知。不過只要等得夠久，早晚總有一天會知道吧。

如此這般，我國從古至今使用的中文名，其實非常多都是錯誤的套用。用欅來稱呼ケヤキ、アジサイ稱作紫陽花、ジャガイモ稱爲馬鈴薯、フキ稱爲款冬或是蕗、ワサビ稱爲山葵菜、カシ稱爲橿、ヒサカキ稱爲柃、ショウブ稱爲菖蒲、オリーブ稱爲橄欖、レンギョウ稱爲連翹、スギ稱爲杉等等，誤用的文字眞是不勝枚舉。就連一流的學者都染上這種惡習，誤導世人把事情變得複雜，此狀況眞是多不勝數。正因如此，古典學者暫且不論，一般人寫植物的名字只要全用片假名就好。明明是要稱呼植物的日文名字，我深信完全沒有必要特地使用他國文字。而這也是我從明治二十年（一八八七年）以來的一貫主張。

（一九四三年）

夏天的植物

夏草的時節來臨了。一眼望去，不論原野或是山上都被綠色布幕覆蓋，對植物感興趣的人來說，就像是最棒的樂園在眼前展開一樣。日本是植物種類很豐富的國家，不論英國、法國或是德國，在這一點上都不及我國。以薹屬植物爲例，在我國其實就超過三百種；而堇菜類也大約有六、七十種。能如此豐富的國家是獨一無二的。要論薹和堇菜，日本眞是世界的一流國家。除此之外，我國也有許多在世界上其他地方都找不到的珍稀草木，這代表能對其他國家自豪的日本特有種絕對不少。

爲什麼世人現在不要對植物多懷抱一點興趣呢？在草木如此豐茂之地生活的人，要是能夠對生活周遭的植物產生興趣，一輩子究竟會有多幸福還眞是難以計量呢。想要對植物懷抱興趣，就得要認識那種植物。只要多少能夠學到一點對草木的知識的話，一定會逐漸產生興趣。世人要是在自己的本業以外，對草木抱持興趣、視爲娛樂的話，會是如何呢？假如世人作此想，引人入勝的草木也隨處可得。只要對植物抱持興趣，就會變得喜愛植物。

植物是深具意義的大自然產物，欣賞不帶絲毫罪惡的天然產物，此行爲多麼能夠洗滌吾人身心、使之昇華，還眞是無法計量。比起醜惡的娛樂，轉換到這種清淨的娛樂，是人類的首要任務。我想要建議大家，應該要像這樣把天然產物當作娛樂對象，來培養高潔的心情。我相信只要變得喜愛草木，確實能夠藉此培養出人類的慈愛心。植物是生物，是會生長的東西，喜歡上了就會疼惜它，而疼惜會讓人動了慈愛之心，一旦發動，就能夠加以助長，由此就有可能培養出大慈悲心。人類彼此若能心存慈悲慈愛，世界便會太平無事。國家平則天下治。大到戰爭、小至吵架，都是人類彼此不懷慈愛心，也就是缺乏同理心所引起的。要培養同理心，我相信植物是極佳的工具。像現在這樣人心面臨危難的時代，我就想要這種人類之間的同理心，那確實是能夠維繫住臨難人心的一種助力。對草木不抱興趣，並不只是個小問題而已，而是憂國憂民的爲政者應該要思考的問題之一。此外教育者也必須對博物學有更全盤的思考。博物學課程可以是僅次於倫理課的重要課程，這完全取決於做法。

欣賞植物比其他娛樂要省錢，也容易入門。只要對植物感興趣，連路旁或是庭院裡的雜草都能夠讓人開心，任何人都能夠免費享受這種快樂。此外，對植物感興趣之後，也會變得想去山林原野，從而就不會運動不足。心情愉快，同時不知不覺之間就做了運動，呼吸新鮮空氣，心靈變得高尙、沒有邪念，到了所謂無邪的最高境界。只要心無邪念，身體就會變得健康。再沒有比這更棒的事了。

在東京有個東京植物同好會，每個月會選一個星期日到東京近郊去實地教授植物知識。只要參加這個組織，就能夠記得植物的名字，還能夠聽到關於植物的種種話題。

想要對植物產生興趣的人，只要到這個組織露臉就好。同好會的幹事是住在東京市外駒村上馬引澤四十六的伊吹高峻。接下來我要談談在我身邊的草木。

蛇莓

蛇莓（へびいちご）是無人不知的草。正好是現在這個時期，從藤蔓長出來的梗上會結實，而且已經變紅熟透。世人認為這種果實有毒，但絕非如此，誤解應該是源自這種草的名字叫做蛇莓。它們的果實並不甜，食之無味，所以誰都不吃。紅色的圓球部分並不是眞正的果實，那在植物學上稱為花托，是花梗最前端的部分；眞正的果實是長在它們表面的小小顆粒。大家應該都知道草莓吧，它的可食部分也跟蛇莓一樣是花托，不是眞正的果實，眞正的果實也一樣是散在於花托表面的小顆粒。說到果實的可食部分，眞的是各種各樣，柑橘吃的是果實裡的毛狀囊胞、香蕉吃的是果實裡面的內皮、栗子等是吃種子、桃子等是吃果皮、梨子和蘋果等則是吃花托。研究果實可食部分為何的這類主題目前很熱門，而吃柑橘的毛狀囊胞又是其中最奇特的。要是柑橘的果實裡面沒有這種毛狀囊胞，就沒柑橘可吃了。眞是無聊啊。

酢漿草

酢漿草（かたばみ）到處都有，帶有酸味，孩童因此很熟悉這種植物。在葉柄的頂端各長有三片葉片，這個模樣就成了名叫「片喰」的家紋圖樣。它的葉子在白天張開，夜晚時閉合。草木的葉子通常以在夜晚閉合者爲多，其中豆類是特別顯著的例子。衆所皆知，合歡的葉子會閉合，日文名ねむのき的意思正是睡覺的樹。酢漿草會開黃色的花、結像角一般的果實⑯。雖然大家通常不會察覺，不過種子會從果實中飛出，實在是極爲有趣的現象。果實裡有許多小種子，在果實成熟之後，種子就會往四面八方彈射出去。種子會飛射，是因爲有種很有趣的結構：當種子位在果實內部，是被種皮給覆蓋住的。果實一旦成熟，假種皮的一側會裂開，而且立刻內外反轉，那股勢頭就讓種子往外飛了。至於爲什麼必須讓種子飛出去，是爲了讓種子往遠處散

---

⑯ 果實呈圓柱狀，有五個稜，所以看起來像角。——譯注

布，讓新苗能夠在廣大的地面生長。紫紅色的酢漿草是一種變種，又稱紅色酢漿草。

豬殃殃

現在這個時期，豬殃殃（やえむぐら）差不多正在結小小的果實。果實長著像彎曲如鉤的毛，會附著到人的衣物上面，這些種子便會被帶往四面八方，藉此在各處發芽繁衍。像這樣把果實黏附到其他東西上傳播到遠方的植物有很多，例如小山螞蝗（ぬすぴとはぎ）、日本牛膝（いのこずち）、金水引（きんみずひき）和蒼耳（おなもみ）等等，還有其他許多。有人認爲やえむぐら這個名字來自「有豬殃殃繁茂處（やへむぐら茂れる宿の）」的和歌，所以作爲這種植物的名字並不適合。也就是說眞正的やえむぐら其實應該是指現在所說的葎草才對，而這種葎草是隨處可見的蔓藤植物，跟替啤酒加上苦味的啤酒花同屬。雖然西洋會把葎草當成觀賞用園藝植物，但是在日本則只視爲一種無用的雜草。

豬殃殃莖上的節會長出六片葉子輪生，但是每一節上眞正的葉子卻只有一對，其他都是呈葉片狀的托葉，並非眞正的葉子，而是葉子的附屬物，換句話說就是僕傭打扮成和主人同樣的外貌。在這種情況下，有種方法可以快速分辨出誰是主人誰是僕人：葉子基部有枝子長出來的是主人。即使是這樣的雜草，只要仔細注意去看，也會讓人感到很有趣。觀賞牡丹和花菖蒲的花朵，產生「啊啊，好美啊」此等感想的話，層級還停留在業餘人士的樂趣，正如同女孩子穿了紅色的衣物感到開心一樣。那種樂趣，或說興趣，逐漸深化，而變得會欣賞「和服」，最終便很少會受華麗的衣物吸引。達到這種程度的時候，就能夠從乍看無趣的雜草中，找到潛藏的有趣之處，而從看熱鬧變成看門道的專業人士。

豬殃殃從秋天開始生長、越冬逐漸生長到春天。像這樣在秋天生長的草絕對不少。雖然植物一般是在春天生長，但有趣的是這種植物一定是在秋天生長。它不畏冬天的寒氣，即使被霜雪覆蓋也完全沒問題。到了春天，只要感受到一絲絲暖意就會立刻生長得很繁茂。日本的春天七草，包括水芹菜、薺、鼠麴草、繁縷、寶蓋草、蕪菁、蘿蔔，全都是秋天生長，也就是具有秋天生長的天性。

蕺菜

蕺菜（どくだみ）又名魚腥草或臭腥草，是具有臭味的草，民間往往作爲藥用。此外當女性的頭髮受到油氣蒸熏而變臭，也可以用它熬煮汁液清洗。這種草非常會繁殖，只要在庭院中長出來，就很難根除，因爲其地底的莖（稱爲地下莖，和竹子的鞭根性質相同）會毫不受限地四處伸展。現在正值花期。葉子就像錦葵的葉片一樣，質地很柔軟。花很小、有短穗，在基部有四片像白色花瓣般的東西，雖然世人會以爲那是花瓣，其實那是稱爲苞片的葉片變形物，是花瓣的代用品。像這樣用苞片來代替花瓣的植物並不稀奇，從美國引入日比谷花園種植的美國四照花，其花瓣狀物體也是苞片，而生長於日本的同屬的日本四照花也是一樣，溫室內九重葛的花也是如此。明明有眞正的花，卻多此一舉，這全都是因爲牽涉到昆蟲，換句話說，這些苞片成爲呼喚昆蟲前來的招牌。整體來說，花有各種顏色全都是爲了要誘引昆蟲，來完成自己的生殖過程。花散發香氣、在花中產生甜美的蜜汁，全都是爲了要誘惑昆蟲。這種蕺菜的花也同理，是用四片白色苞片假裝花瓣，藉此把昆蟲騙過來，但是現在這種招式已經不太有意義了，要說理由，是因爲其實苞片上方呈穗狀的眞花，雄蕊的花粉（男方）性功能有障礙，沒辦法完成任務，所以當媒人的昆蟲也就沒有必要造訪，假花瓣現今變成單純的裝飾，而雌蕊（女方）也因此無從孕育種子，沒有必要聽從「避孕之母」瑪格麗特・桑格的主張。蕺菜就像這樣不但不生兒育女，反而不停以地下莖繁殖，讓人類越來越感到困擾。但是這種令人頭痛的草，在植物學上卻是很引人入勝的植物。此外，除了日本和中國，其他的國家沒有蕺菜，種類又相當特別，所以在西洋非常受到珍重，加以種植培養，自然使得蕺菜成爲世界知名的草。

（一九三六年）

吃香蕉是吃香蕉皮

香蕉的果實可食用，這件事無人不知無人不曉，但是最近跟以前不同，香蕉的產地已經都脫離日本成為其他國家的領土，從而香蕉就很少運進日本，變得很難在市場上看見，因此現在很多孩童都不知道香蕉是什麼了。

從前由臺灣運送到日本本土的香蕉都是綠色的未熟果實，在當地採下以後裝進大型竹簍，送到神戶等地，通過稅關檢查後分別賣給批發商，商人把買下的香蕉帶回去放進地下室保存幾天之後，果實就會逐漸變黃，果肉也變軟，這時再當成商品賣給零售商。

香蕉是芭蕉屬，日文又名實芭蕉（実バショウ），以學名來說是 *Musa paradisiaca* var. *sapientum*，是宿根大型草本植物（西洋的學者俗稱為 Banana-tree 香蕉樹），雖然此香蕉的植株形狀跟我國的芭蕉外型相同，但是莖幹卻比芭蕉要粗，葉片也更大、質地強韌，葉片背面呈白色，花序跟花形也都跟芭蕉的一樣，但是其花序的大型花苞是紫色（不久後會散落），和我們芭蕉的黃褐色不同，在此花序上呈穗狀排列長出的果實就是所謂的香蕉。據說香蕉的英文名字 banana 源自幾內亞（非洲）的土著方言。

香蕉在中國稱爲甘蕉，芭蕉也是別名之一，不過把芭蕉這兩個字用在日本的バショウ身上並不正確，即使バショウ（bashou）這個日文名稱就是出自中文的芭蕉，但這是古時候學者誤認而造成的錯誤命名。

即使在東京，溫室內也經常可見到香蕉。前一陣子我才在報紙上看到照片，北海道的溫室中香蕉長出雄偉果實。在溫室裡的話，就辦得到吧。九州南部的薩摩（鹿兒島）附近則可以看到從地上長出來的香蕉枝頭上掛著果實，所以種在種子島的話，多少能夠期待收穫吧。

如前述，香蕉是一種果實，然而說到我們吃下肚的是香蕉果實的哪個部分，其實是香蕉的皮。

香蕉幾乎沒有稱爲果肉的部分，全部都是由皮（果皮）所形成，但食用的部分沒有給人半點果皮的感覺，所以一般人應該沒有人會認爲自己是在吃皮吧。果皮一事絕對不是騙人，完完全全是眞正的事實，不過知道這件事的人應該幾乎都是植物學家吧，即使是植物學家，也只是常識上知道這件事，能夠在當下答出吃皮的人應該不多，通常應該會說著「這個嘛……」之後先瞠目結舌地想一下，再慢慢給出正確答案吧。

香蕉其實是變態的果實，眞正的果實則完全沒有盡到原本責任，也就無法產出由果實原本負責產生的種子，所以香蕉的果實只稱得上是無謂且多餘，但是即使果實有此缺陷，香蕉卻還是長出如此珍奇無匹的果實，我們才能夠大飽口福。假如它們是能夠結種子的果實的話，就不會有能不能吃的問題，只是完全無用的長物。

香蕉這種奇怪的水果其實眞的具有能夠發芽的種子，只是那完全不會結出能夠吃的果實。

把香蕉橫切來看，可以看到它由植物學上所說的外果皮和內果皮所構成。我們吃的部分是其內果皮，由柔軟的細胞質厚肉所組成，而在其最內部，也就是相當於果實中心的部分，則是柔軟而不會成熟的種子，幾乎只剩下一點黑色痕跡。

香蕉的外果皮就是人們認爲的香蕉皮，通常會剝下丟掉。由於是纖維質構成，很容易就能跟內部的細胞質厚肉（內果皮）分離。外果皮質地硬而無法食用，於是會被剝開丟棄。

就像這樣，香蕉的外果皮和內果皮都是香蕉的皮，整根香蕉都是由皮所組成，我們會捨棄外皮、吃下內皮，這就是爲什麼我會說吃香蕉是吃香蕉皮的緣故。

日本必須進步到家庭中母親至少具備上述等級的知識，在孩子吃香蕉時能夠講給他們聽。不進步到這個程度的話不行吧。

現今許多母親很難稱得上擁有充分的水果知識，實在令人相當遺憾。若問道我們吃草莓究竟是吃哪個部位，其實是吃莖部末端，這個回答應該會讓絕大部分的人都大爲吃驚，但那是事實無誤，所以再怎麼驚訝也是無濟於事。

再說到柑橘是吃毛狀結構的話，也是每個人都會面露懷疑吧，不過事實就是假如柑橘沒有長出這類結構的話，就不會成爲可食用的水果了。柑橘在發育的過程中，會從子房的壁面長出多個多細胞的毛狀囊胞，之後這囊胞成長、延長及膨大，其內部再分泌出甘甜汁液充滿細胞中，於是柑橘就成爲有名的食用果實了。

（一九四九年）

櫻花

雖然很常有人說櫻是我國的名花，在外國沒有，只有日本才有，但是當世間學識漸長，植物的研究引入本地，就知道櫻並不是我國的特有植物，在鄰國中國也有。此外，在新獲得的領土朝鮮半島和樺太也有類似的植物，我們便知道在日本的內地以外也有櫻⑰。在說起櫻的分布狀態，還是以日本的內地為中心，就可得知我們本土有種植這種植物。但是正如前述，並不是在

⑰一九一〇年因日韓合併條約，朝鮮半島成為日本殖民地，至一九四五年八月十五日止。樺太地區即庫頁島。內地即日本本土，相對於代表臺灣、朝鮮半島、樺太、關東州等屬地的外地。——編注

我國以外完全沒有，因此櫻就不再被認爲是我國的特有植物了。

因此總括來說，櫻爲亞洲東部的植物，亞洲東部爲其產區，所以歐洲或美洲就完全沒有櫻，單只分布於亞洲東部。但是要說櫻和日本的國民性相關，這個問題就跟產地毫無關聯，是因爲櫻花散落的情況如同武士輕身重義。「在朝日下美麗綻放的山櫻（朝日に匂う山桜）」則代表日本的國民性。這類話題涉及植物專業以外，所以我先按下不表。

「在朝日下美麗綻放的山櫻」所歌頌的山櫻是指日本山櫻，從日本的中央開始，往西南北方普遍分布，南方可達大隅國（鹿兒島東南部）屋久島，因此可以說櫻分布的界線最南爲屋久島。

然而除了這種山櫻以外還有另一物種，那就是在我們這邊稱爲大山櫻的植物，和日本山櫻一樣是野生的。

這種大山櫻的產地南從信州（長野）開始，經過日光地區而到奥羽地區（東北地方），然後再越過北海道抵達樺太。換言之，說我國的北半部被大山櫻占領也不爲過；相對地，普通的日本山櫻則占領了我國的南半。

在東京沒有多少大山櫻。上野公園的帝室博物館的範圍內，種植著明治初期從北海道帶來的兩棵，年年開滿花。我們東京居民要是想看大山櫻，只要到這個博物館去就看得到了。

大山櫻和普通的日本山櫻相比，大山櫻的花比較大，顏色也比較深濃。樹枝比普通的日本山櫻更帶暗紫色。葉子邊緣呈細長的鋸齒形，看起來不像毛。只要摘一片葉子看看，馬上就能夠知道跟普通日本山櫻的區別。

普通的日本山櫻的葉片帶有紅色，當葉片和花一起長出來時，花色就是世間無人不知、無人不曉的櫻色，也就是非常淺的粉紅色。此外也有顏色淡到幾乎成爲白色的。葉子就像方才所說，大多帶有紅色，不過偶爾也有不帶紅色的。

另外，在伊豆的大島還有一種大島櫻，只在伊豆的大島上繁茂生長，因此而得名。這種櫻的特色是樹木非常健壯，花色幾乎都是白色。雖然許多花長在枝頭上，但不知爲何看起來不太吸引人。但是樹卻非常強壯，能夠淡然忍受煤煙等。這種櫻到近年爲止都不太受人注意，可是樹木健壯的特性在這幾年總算受到注意，各處逐漸都種植了。

接下來，近年來廣受讚美的是吉野櫻。以東京來說，在上野公園、向島、九段招魂社、江戶川河邊、飛鳥山等都是這種吉野櫻，我們專家稱之爲染井吉野櫻。雖然並不清楚這種櫻究竟是在哪個時代、由誰培養出來，不過主要公認爲眞的說法是在德川末期由染井的植栽店開始培育，以其爲始祖往各方擴散，因此植物學者才會稱這種櫻花爲染井吉野。這種櫻會開出非常多花，感覺很熱鬧，所以從雅致的角度雖然也許比日本山櫻差一點，但是從濃豔的角度而言，這種櫻對都會景致是最好的。園藝家等把這個染井品種稱爲吉野櫻，只是單純要爲其安上一個美名而已，那跟現在於大和（奈良）的吉野可以看到的櫻花種類完全不同。也就是說一般人聽到吉野櫻之名會以爲跟大和的櫻花是同種，但其實完全不同。此外，這種染井吉野櫻的特性是樹枝往橫向擴展。雖然日本山櫻是往斜上方生長，但是染井吉野櫻則是樹枝不停地往橫向伸展，所以開花時就會非常熱鬧，而被認爲是最適合都會的植物。

櫻的樹齡從長到短來看，日本山櫻比較長壽，染井吉野櫻則頂多三、四十年。經過三十年以後上方就會開始枯萎，樹姿逐漸變醜，最好看的時期大概是在二十年左右的時候吧。因此這種櫻花就得時時重種新樹，有點麻煩。

此外，如果來區分染井吉野櫻和日本山櫻，前者的花顏色比山櫻稍微深一點。日本山櫻的花萼跟花梗上沒有毛，雖然偶爾還是會有長毛的，不過一般來說沒有；反觀染井吉野櫻的花不論是花萼或是花梗上都長了整面細毛。

其次是八重櫻。八重櫻包含很多種類，無法一一詳述，園藝家雖然爲這許多不同種類取了各式各樣的名字，不過一般就稱作八重櫻，著名的荒川堤防上生長的櫻花大部分都屬於這種。這是櫻花最核心的種類，一向都單單稱作八重櫻，不過植物學者會稱爲里櫻，以便跟其他的櫻區別。說到里櫻原本是出自哪裡，果然還是從日本山櫻變來的。從前某人培育了這種變種之後逐漸擴散。詳細的歷史並不清楚，不過大致如此。

屬於山櫻的櫻花種類大概如上述。此外還有彼岸櫻，種類和日本山櫻完全不同，所以算作山櫻的一份子並不妥當。

這種彼岸櫻可以大致分爲兩類，一類在關東欣賞得到，另一類則是在關西地區欣賞得到。雖然大衆通常把這兩類統稱彼岸櫻，不過我們在關東地區欣賞的是東彼岸櫻，又稱江戶彼岸櫻；而在關西地區欣賞的則單純只稱爲彼岸櫻。後者的花期比其他櫻要早，僅次於寒櫻。在東京的上野公園中，樹木體積較小但是最早開花的就是這種。從前在東京沒有此種類，近年來才種植的。

有趣的是，同樣在上野公園有種植的東彼岸櫻（江戶彼岸櫻），其原產地反而是在關西地區，四國和九州的山中都有自然生長。在關東受人欣賞的櫻花竟然反而是在關西野生的，而且在那些地方卻完全沒有被當成賞花的對象。

這種東彼岸櫻（江戶彼岸櫻）樹木會長得相當大，在各地區被稱爲名木的通常是這種櫻花。在距離信州的長野二、三里之處，有棵樹稱爲神代櫻，那也是東彼岸櫻。在陸中的盛岡的市區中有棵樹名叫石割櫻，相當有名，經常被做成明信片圖樣，它果然也是東彼岸櫻。

十月櫻是會在早秋開的花，葉子會跟花一起長出。這種櫻是關西地區常見的彼岸櫻的變種。

寒櫻是最早開花的種類，由於寒冷時分就比其他櫻更早開花而得名。顏色呈淡紅色，嫩葉帶點紅色。荒川堤看得到，上野的博物館中也有一棵。這種櫻應該也有野生的，但是不清楚在哪裡。

和寒櫻外表相似種類卻不同的植物是山櫻花，野生於臺灣，再被移植到琉球，在九州的南方也有種植。這種櫻花相當早開花，二月左右就已全面綻放了。東京原本沒有這種花，不過東京的理科大學的三好教授前一年從薩摩的鹿兒島購買來種在小石川植物園內，今年開了相當多的花，往後就可以在東京看到這種花了。這種花的特徵是花朵不會完全張開（花瓣不會大幅展開），只會半開半含苞。顏色也很深，比桃花還要深，因此也稱緋櫻。

從前的本草學者曾把櫻稱作櫻桃，也曾經稱爲毛櫻桃。但經研究發現，櫻桃是中國的一種植物，和櫻以及毛櫻桃是完全不同的物種。這種櫻桃是觀果植物，從中國引進了不少來到日本。花比葉要早長出，淡紅色的花朵密生在樹枝上，比日本的彼岸櫻要早開，樹是灌木型。這種櫻桃雖然跟大衆一般所說的甜櫻桃一樣都稱爲櫻桃，但其實這樣稱呼是錯誤的。所謂櫻桃只限於中國產的；而西洋種，也就是現在市場上可見的果實，那種櫻桃必須要稱爲洋種櫻桃，必須要區別開來才行。

西洋的 cherry 在英日辭典中會譯成櫻，但那和日本的櫻又是完全不同的種類。近年來在山形等地種植了非常多這種 cherry，但這也是觀果植物而不是櫻，稱爲 Japanese cherry 的話可能還差不多。把 cherry 直接翻譯成櫻的辭典，麻煩請訂正。此外，把這種 cherry 的果實稱爲櫻桃也是錯誤的，這已經在前面說過了。對於園藝家隨便濫用名稱，我實在是感到無言啊。

（一九三六年）

高知縣立牧野植物園提供

關於蓮

各位請看看各地水池中的「蓮」。其清淨且特異的大型傘狀葉片，以及其紅色或是白色的明顯的花朵都非常可觀，只要看過一次的人都絕對不會忘記。此外，蓮藕也是各位不時會吃到的東西吧，它有洞的奇異形狀，也應該常留在各位的記憶之中才對。

蓮藕在日文中通常稱爲蓮根，這個可供食用的部分，世人經常會認爲它就是根，但那絕對不是蓮的根部。究竟是什麼呢？其實原本是蓮莖的前端變得肥大的一部分。蓮莖就是蓮的主幹與枝條，就和小黃瓜或茄子等的莖幹和枝條是相同的。小黃瓜和茄子等植物的枝幹是在空氣中朝上豎立，蓮的枝幹則是在水底泥中橫向匍匐。像這樣位於泥中或是地下的枝幹，在植物學上稱爲根莖或是地下莖。因此通常人稱蓮藕（蓮根）的部分，在植物學上就得說是地下莖，或是根莖。此外，日文中的蓮根，文雅一點也可稱蓮藕，或單稱「藕」。

正如各位所知，蓮藕供食用的部分非常肥厚，但要是認爲蓮的地下莖從主幹到末梢全都如此肥大，卻也絕非如此，大部分都是細長狀，在泥中延伸，各處有節，從節分枝，再由該處長出葉子或是花。細細長長如同粗繩的部分稱爲匍匐根（意思是爬行的根），漢字寫成蕸。蓮藕的這個細長部位實在太細瘦而不足以食用，但若是吃其柔嫩部分的話卻極美味。此部位從春天到夏天會逐漸生長變長，在節與節之間最長可達六十公分。如前述，匍匐根既會長葉、也會開出花，有明顯的節和節間，多的時候會分出三、四十根枝條（從這些枝條又會再長出枝子），伸長到數公尺，最長的還可以延伸到長達三十六公尺左右。到了秋天，地下莖前端及枝的前端的兩節間附近開始總算變得肥大（這個部分會在泥中稍微往下生長），此時會貯藏大量養分以備隔年萌發。從晚秋到冬天之間，後面的瘦長部分終於枯死，只有肥大的部分，也就是通常人稱蓮藕的可食部分會留在泥中過冬。到了隔年，這個部分前端的芽會靠著前一年貯藏的養分而漸漸開始生長延伸，像前年那樣，又長出細長的匍匐根。直到秋天，又像前一年那樣，前端會長出即為蓮藕的肥厚部分。

地下莖的整體（包含俗稱蓮藕的部分）是這樣的東西，那麼說到眞正的根究竟在哪裡，其實眞正的根是纖維狀（鬚狀）物體，會從根莖的節長出很多。這種纖維狀（鬚狀）的根，在植物學上稱爲纖維根，又名鬚根。

切蓮藕的時候多少會出現白色的汁液，裡頭還有幾條大大小小的孔道互通。細胞間的空隙中形成氣道，所以才產生孔洞，大小數條氣道的排列自有一定規則。也就是說，位於蓮藕上方之處，以及在下方之處，氣道的排列不同，所以只要看氣孔的形狀，立刻就能夠知道蓮藕的上下方向。換句話說，這些氣孔雖然左右無異，但是上下的大小排列卻不一樣。上方有兩個小孔，下方則只有一個大孔。切開匍匐根來看的話也是同樣情形。

採蓮藕是以白花的蓮爲佳，觀賞用則大多是種植紅花。在蓮藕已經長好或是差不多可以挖掘的時候把水排掉，到泥巴會裂開的程度，蓮藕就會變硬。此外，要栽種蓮的話，就不要挖出前一年的蓮藕，留置原地到立春後第八十八天的前後十日，也就是以「八十八夜」節氣為中點大概二十天左右的期間，再把這個特地不挖出以留種的蓮藕挖起來栽種就好。種植時蓮藕要橫著插入泥中，再稍稍往後方拉，即使後端稍微從泥裡面探出來也沒關係，但前端，也就是芽的部分則得要好好埋在泥中才行。用來當種的蓮藕，在一坪的面積中栽種大約三、四根。

中國蓮，蓮藕的節間短而肥大。一般在東京的市場中販賣的中國蓮（或稱チャンバス），是在東京近郊栽種再運進市內的。一旦烹煮，這種蓮藕的質地就會變軟，所以不太受歡迎。花有紅、白跟淺紅的三種。這種蓮是在明治九年（一八七六年）由中國引進，詳細的報導刊載於明治十二年三月博物局發行的《博物雜誌》第三號上。

蓮的葉子也就是所謂的荷，長在前述的蓮藕（地下莖）的上面。到了春天，從前一年的蓮藕中央那節長出的葉子，其形狀小且浮在水面上，稱為荷錢葉（ゼニバ）也就是錢荷。接著來看看從舊蓮藕前方的節長出的葉片，其形狀超大，也會浮在水面上，稱為浮水葉（ミズバ）也就是藕荷。接下來還有種葉片是從剛剛提到的舊蓮藕前端伸長形成的新地下莖長出來，這種葉子稱為芰荷（後棟葉或後把葉），並不會浮在水面上，而會全都高出水面之上，較大的可以達到一兩公尺高。最後，有種葉片的形狀稍小，稱爲終止葉（トメバ），只要認眞看就能夠馬上看出它們和其他葉片的差異。只要這種終止葉出現，就證明了前方已經長出肥大蓮藕，想要採蓮藕的話只要看到這種終止葉就可以挖掘了。

終止葉的葉背經常呈紅色，葉片全都是從延根（地下莖）的節一一長出，而且每一片都擁有長長的葉柄。這種葉柄雖然是從地下莖的節上長出來，但是這些節也會長出幾片膜質大型鱗片，鱗片先是白色，後來會變成黑色。錢荷及藕荷的葉柄細瘦纖弱，但是終止葉的葉柄就很強韌而直立，呈圓柱形，表面散布著小刺。小刺生長的方向稍微朝下，大概是爲了要保護自己才形成的吧。在終止葉葉柄的內部通著幾條孔道，這些孔和蓮藕的孔的性質是一樣的，都是細胞間的空隙，也就是氣道。葉柄氣孔的排列也跟地下莖的氣孔同理，背側和腹側的有所不同。此外，在這些氣道內側的壁面不規則地長著毛，只要切開來看看就能夠看見；不過地下莖的孔道則沒有毛。另外，把終止葉柄折斷的話，會流出白色的苦汁，還會有無數極細的絲被牽拉出來，這就是從前藤原豐城的女兒中將姬以和州當麻寺的蓮絲織出曼陀羅的傳說的由來。據說那幅曼陀羅的橫寬有九十多公分，描繪著極樂的諸佛圖。蓮絲和蜘蛛絲很像，但這種螺旋狀的纖維構成了葉柄組織中許多維管束裡的螺旋紋導管管壁。只要把葉柄折斷就能夠拉出蓮絲，由於呈螺旋狀，所以只要往兩邊拉開就能夠一直拉扯出來。此外，地下莖也能夠經由蓮藕而同樣拉出蓮絲。

葉片長在修長葉柄的頂端，呈盾形，大型的可以長到直徑超過六十公分。雖然葉子呈朝天的淺杯形，不過通常會稍微面向前方。葉形雖圓，卻仍舊可以立刻分辨出上端的葉頭及下端的葉底。不論葉頭、葉底、葉緣都稍稍凹陷並且有小尖點，不過若是錢荷、藕荷，通常則會稍稍凸出。在葉片微朝向一側的時候，葉頭一定會位於上方，也就是朝向地下莖的後側方向；而葉底，也就是顎部，則一定是位於下方、朝向前方。葉片中央有向葉頭延伸的葉脈跟向葉底延伸的葉脈，從中央長出的葉脈（就是前述縱貫整片葉子的葉脈），其左右一定會長出同樣的數目，因此從其左右卷的抱卷葉的葉脈一定是左右同樣數量，在兩側都是相對的，也就是葉面的左右各有大約十條葉脈往上隆起，而錢荷、藕荷則是左右各有六、七條葉脈。

即使有雨或其他水滴掉落，也一點都不會讓蓮葉表面變濕，水會像是水銀一般發出光芒，從葉面滾落。蓮葉表面毫不濡濕，而且水滴會像珠玉那樣發光的原因，是因爲葉片表面有許多細微的刺狀突起（表皮的細胞的一方向上突出），即使水滴掉落在葉表，也會由於這些小突起之間有空氣，水就無法黏附在葉體上。此外，水滴之所以會發光，是因爲水滴在接觸到前述的空氣之後，表面會像鏡面一樣強烈反射光線。地瓜葉也跟蓮葉一樣，表面有細微的突起，掉落在葉表的水滴也同樣看起來很像珠玉。有詩歌讚嘆這種水作的清淨珍珠，如下：

「出濁水而比水淨，蓮上的露珠（濁りある水より出でて水より浄き蓮の露のしら玉）」

蓮葉有一種香氣，富有雅興的人有時候會把飯染上這種香氣來享受。夜間在有蓮生長的池邊逍遙的話，就立刻能夠聞到這種香氣，讓人感覺爽快。

古人讚賞蓮爲花之君子者也，或謂世間花卉無逾蓮者。所謂的菡萏（蓓蕾的時候也稱爲菡）有長梗，和葉子都是一個個從根莖（地下莖）的節長出來。它所在的位置並不是葉腋，反而是從其背側鱗片的腋部長出來。換句話說，節上會長出一片葉子跟一朵花，花朵抽高伸出水面，而且多半比葉子還要高。花梗的形狀及大小和葉柄相同，在其表面上有小刺。只長花而未長葉的花梗，在植物學上稱爲葶。

在葶的頂端，是一朵朵龐大的花，花色以紅色最常見，不過也有會開白花的。花色也有濃淡的差別，園藝家培育出了各式品種。由於白花種能夠長出品質良好的蓮藕，所以爲了採收蓮藕各地都有種植。

蓮花會在黎明前後開花，在午後閉合。在四天之內像這樣開開合合，最後保持花開的狀態下散落花瓣。雖然世人相信蓮花在清早開花的時候會發出聲音，不過絕對沒有這回事，這種說法出自想像，覺得花瓣看起來像是被包裹住了，開花時便會發出「啵」的爆裂聲，但實際上絕對沒有發出聲音。也有人說那是開花時花瓣彼此摩擦的聲音，但此說法完全是牽強附會。

蓮花同時有著花萼與花瓣，不過花萼與花瓣卻很難分辨。外部的四片當然是花萼，內部的則是花瓣。花瓣的數目很多，可以多達二十片左右，花瓣呈長橢圓形往內側彎，並且有縱向的皺紋。花萼比花瓣短，而且比較早散落。花托（放大的花床）下面長了許多黃色的雄蕊，花藥的上方則呈棍棒狀。

心皮的數目很多，每個都嵌在倒圓錐形的大型花床，也就是花托（蓮蓬或稱爲蜂巢）上面的凹處。心皮下的子房爲卵圓形，每一個裡面都有一個卵子（會被誤稱爲胚珠），日後會成爲種子。⑱種子背部有一個小突起。每個子房上端各有一根極短的花柱，會突出於花托表面。在這些花柱的先端有柱頭，呈盾狀。在花謝後這些子房會隨著日子而長得越來越大，在結出橢圓形的堅硬果實的時候，其海綿質的花床（花托）也更爲增大，形狀就像蜂巢裡有蜜蜂的幼蟲，不過這件事大家都已經知道了吧。這個花床就是蓮蓬，後來會往下垂，果實也逐漸脫離蓮蓬掉進水中。掉落時果實的前端會朝下，附著於蓮蓬的基部則朝上，這樣一來，裡面的胚就正好會朝上。發芽的時候，果實的後方會裂開，從裡面長出芽來，但蓮的果實由於皮很硬，所以不容易

---

⑱ 心皮下的子房內有胚珠，胚珠內有卵子，在卵子受精之後，整個胚珠會發育爲種子。——編注

發芽。

世人常以爲巨大的蓮蓬是一個果實，而埋於表面凹處的果實是一顆顆種子，但其實並非如此。這一顆顆果實，也就是蓮實，雖然乍看之下很像種子，卻絕對不是種子，而是果實。蓮實起初是綠色的，成熟之後果皮會變得非常硬，外殼質地就像皮革，顏色也變黑，這個時候稱爲石蓮子。果皮呈綠色的時期，內部的種子還沒成熟，質地柔軟可以生吃。在果實之中只有一個種子，種皮非常薄，薄皮內的白肉味道甘甜，這就是所謂的蓮肉。蓮肉在植物學上屬於子葉，由兩片組成，多肉並呈半球形，兩片的邊緣相接而形成球狀，內部中空，裡面有著稱爲薏（蓮子心）的綠色幼芽。這個幼芽的味道很苦，所以又稱爲苦薏。苦薏在植物學上屬於幼芽，由兩片幼葉組成，葉片由葉柄往內彎曲。在種植蓮實的時候要以砥石或是銼刀磨破果實頭部，或是先行焙炒過，這樣就會讓水容易滲入、盡早發芽。只要幼芽在泥中從果實裡面探出頭來，在果實中早已長好了的二、三片葉子，也就是薏的葉子，會長大成爲可愛的圓形葉面（蓮葉從一開始就是圓形，絕對不會像芡的初生葉那樣在一邊有裂縫）浮在水面上（蓮沒有像日本萍蓬草那樣完全沉在水中的葉子），此時它們的莖也會長出有點長的鬚根，同時從地下莖往橫向長出，每天延伸，從每個節都長出鬚根，也長出葉子，葉片開始伸出水面之上。

蓮蓬也就是花床（花托）上面容納種子的凹洞寬敞，成熟的時候搖動蓮蓬就會發出喀啦喀啦的聲音。可是俳句詩人在聽到蓮實發出的砰砰聲之後，就很自然地以爲它們會從蓮蓬飛向遠方。這當然是錯的。他們只是看到蓮實貌似要掉出來的樣子就貿然如此斷定了吧。這句「以爲蓮實卻是紙門開（蓮の実と思いながら障子開け）」吟詠的並非眞實情況。

在蓮的種類中有一種名爲觀音蓮，這是「葶」，也就是花梗的頂端有二到五朵花集中綻放，花瓣相疊成爲重瓣花。花心沒有蓮蓬，因此無法結實。前述的那位中將姬所織的曼陀羅，就是用這種蓮的蓮絲做成。

此外，一般的蓮花若是在梗頭開了兩朵花，就稱爲並頭蓮。這並不是特別的種類，只是一時的變形而已。在東京上野公園的不忍池有許多蓮，每年都會開無數花朵，但這種變形花卻很罕見。

蓮（ハス，hasu）又稱爲ハチス（hachisu）。ハス是由ハチス縮短而成，但是ハチス之名其實源自蓮蓬的形狀像之前提過的蜂窩（hachisu 或 hachi-nosu）。雖然「蓮」字原本是指這種植物的花床（花托），現在則通常用來稱呼整株植物。芙蓉也是蓮的別名之一，但是現在日本人所稱的芙蓉原本名叫木芙蓉，是錦葵科的一種灌木，花朵大而美麗，就像蓮花那樣，所以就把這種植物稱爲木芙蓉。爲了避免混淆，就把蓮又稱爲水芙蓉或草芙蓉，以作爲區分。

雖然日本自古就有種植蓮，但當然原本是從他國引進的。鄰國中國也是從前就有栽培，不過蓮的原產地是天竺，也就是英國領地印度，中國最早應該也是從印度進口的吧。另外，蓮在波斯（現在的伊朗）、馬來群島以及澳洲也有分布。

先前談過，中國的蓮藕的節間是短又粗，不過就如大家所知，我們自古栽培的蓮藕節間延伸得很長。我認爲我國的蓮藕原本應該和中國產的一樣，有著密集的節間，但是經過長久的時間，由於泥和水等的狀態，讓其原形逐漸改變，終於成爲今日這樣的瘦長形狀。不過這個想法究竟是正確的還是空想，就得在這裡稍微探究一下才行。

一開始學者認爲蓮是睡蓮屬（Nymphaea 屬），於是那時的學名爲 *Nym-*

phaea nelumbo L.，但是後來知道並不是屬於這個屬，就又另外設了蓮屬。也因此現在蓮的學名爲 *Nelumbo nucifera* Gaertn.，又名 *Nelumbium speciosum* Willd.。此外還有 *Nelumbo indica* Poir. 及 *Nelumbo javanica* Poir. 的異名。Nelumbo 是印度和錫蘭島稱呼蓮的方言名字，被用來當成屬名。在北美有會開黃花的美洲黃蓮，和亞洲這邊的蓮不同，花色是黃色，所以要是當成園藝品進口到我們日本，應該會廣獲讚賞吧。美洲黃蓮的學名爲 *Nelumbo lutea* Pers.。

對於蓮，得要細說的事項還有非常多，就留待他日再談了。但是其中我最想要啓蒙世人的，是許多人沒搞清楚蓮的花葉眞相，又把它的根全都誤以爲是蓮根（蓮藕），不對，應該說他們完全不觀察，而只是空想腦補。到了這種情況，即使是滿腹經綸的學者老師，知道的事實還不比挖掘蓮的文盲多呢。

〔補記〕以上所敘的事實是於三十三年前的明治四十二年（一九〇九年）公諸於世。就像這樣，詳細了解蓮的各種知識的人，在當時的世間並不存在，也有許多知識是在這篇文章才首次釐清。打破蓮是從其多肉的蓮根長出來開花的這種謬誤，加以糾正，就是其中的一例。

（一九四三年）

浮萍

涼風輕拂臉龐，放眼池面仔細看的時候，首先進入眼簾的就是浮萍（うきくさ）。小小的浮萍只要繁殖聚集，很快就會成群漂浮，遮蔽整片水面。雖然它們有根，卻只會垂在水中，不會定著在泥土中，所以浮萍的身體會在水面自由移動。只要風吹過水面，它們就會被集中到那陣風的去向，而不會固定在一處。正如中川乙由歌詠的俳句：「浮萍今日開於彼岸（浮き草やけさはあちらの岸に咲く）」，或是「身如浮萍無定處（身を浮きくさの定めなき）」等句子所示。

浮萍通常有兩類，一種是水萍（うきくさ），另一種稱爲青萍（あおうきくさ），不過有時候也會用うきくさ統稱這兩種。現在うきくさ的中文名稱，是寫成水萍或是浮萍，不過要是像前述把兩種浮萍區分開來的時候，うきくさ是水萍（日文漢字也寫成紫萍），あおうきくさ則是青萍。

水萍這種浮萍在從前也稱爲鏡草（かがみぐさ）、無種（たねなし）或是無者草、無物草（なきものぐさ），出現在和歌吟詠之中。小野小町寫了首和歌「未曾撒種栽植，浮萍爲何繁茂如浪，一波波起伏（まかなくに何をたねとて浮き草の波のうねうねおひ茂るらむ）」，意思是說明明沒有播下種子，浮萍爲什麼會在水波間生長得如此繁茂呢，眞是令人疑惑。雖然一般人應該都會跟小町有同感，不過植物學家畢竟身懷知識，對這種情況並不驚詫。假如要簡單說明箇中緣由，就如下述。

浮萍的圓形葉狀體其實不是葉片而是莖，是變得扁平的莖。那麼，葉片到哪裡去了？其實這種植物的葉子幾乎不發達，非常不顯著，到了即使說它們沒有葉子也可以的程度。青萍整株都爲綠色，水萍則是上面爲綠色，水面下的部分爲紫紅色。小町的和歌吟詠的是水萍，但是這種植物在冬天時並不會出現在水面，所以冬天的池水表面什麼都沒有，就像鏡子般；但是到了春天，浮萍就會突然出現。進入夏天時，水萍就繁殖得越來越多，直到遮蔽水面；到了秋天也還是跟夏天一樣。接下來氣候逐漸變冷，即將進入冬天時，水萍就逐漸衰退，隨著日子流逝，水面再次變得空無一物，那些浮萍到底在什麼時候跑到哪裡去了，眞是令人不解。究竟爲什麼會這樣呢？

前述的浮萍在春天時不論是否出現於水面，新的個體就會從母體分芽開始分離、分離再分離來增殖，這個過程從春天開始直至秋末冬初爲止，連續幾個月從一變二變成三、再變成十百千，數目無限制地增加。它們的葉狀體總是大約每三、四片聚集漂浮，下方每片又各垂著幾條根。於夏秋時節，其體側偶爾會長出極爲微小的花，因此能夠產生細小的種子，但體積過小導致一般人完全不會注意到。水萍的種子當然能夠長出苗，不過個體增殖主要是仰賴分裂繁殖。一進入冬天，氣候便會一日比一日寒冷，水萍生長也變得困難，這時候它們才開始進行準備，要讓自己的生命能夠延續到隔年。方法是從它們漂浮著的身體最後分裂出來的葉狀體的比重會比水還要重，但是在和母體相連的時候會一起浮在水面，一旦分離之後就會立刻沉到水底，橫躺到底部泥土上。要是這時看看水底，就能夠看到它們呈小型棋狀散在水底靜靜睡著。冬天時它們沉於水底，此時期的水面很美麗，看不到水萍。但是青萍卻很少會沉入水中，許多在冬天時依然漂浮水面，只是因爲時值冬季，比夏天少了許多而已。前述沉在水底冬眠的個體，到了邁入春天、水溫升高的時候就會一起甦醒，浮上前一年的舞臺（水面），立刻再度開始繁殖，不停增加分身，逐漸占領水面，一副此處本是我家的樣子。水底的個體之所以會浮出水面，是因爲位在水底時，隨著時間經過，水萍體內會產生氣體而變輕。只要知道這些事情，就能夠了解在冬天看不見水萍的理由，也能夠解答小町的和歌，又學到關於浮萍的常識了。

身懷這些知識，再仔細眺望水面的浮萍時，就會發現即使是這種蕞爾小草，也能夠激發吾人無限興致。

（一九三六年）

馬勃

我幼時經常到故鄉佐川附近的山上去玩耍。有一次，當我走在昏暗的栲樹林中把落葉踩得沙沙作響，我看到了奇怪的東西，有個足球大小的白色圓球從落葉之間探出頭來呢。我心想「那是什麼啊」邊戰戰兢兢地靠近，不過那個東西並沒有任何動作，靜靜地一動也不動。

我直覺認爲：「啊哈，這是香菇怪物吧！」然後伸出手去摸了那顆白色的球。從摸起來的質地，我確認這東西絕對就是菌菇。「原來也有這種奇怪的菇呢，眞是驚人啊。」我倍感驚奇。

回到家以後，我告訴祖母我在山上看到的蕈菇怪物，祖母也訝異地說：「有那種奇妙的菇啊？」聽到對話的女佣說：「那個啊，不就是狐狸屁（狐のヘダマ，馬勃）嗎？」我嚇了一跳，看著女佣的臉。然後女佣又說：「那東西一定是狐狸的屁啦。在我故鄉那邊，又稱它爲天狗屁。」

這位女佣知道許多草和蕈類的名字，我經常說不過她。

有一次，我從小鎮邊的小河採了水草，放進庭院裡的大缽讓它漂著，不過我並不知道那是什麼水草。結果這位女佣說：「這種草，應該是異匙葉藻吧。」讓我吃了一驚。後來我在閱讀從高知買的《救荒本草》時，看到書中有一種叫做「眼子菜」的植物，它的別名爲異匙葉藻，就跟女佣說的一模一樣。

我在山裡面看到的馬勃，日文名是狐狸屁，眞是奇妙的名字。它又稱爲天狗屁，是一種蕈類，但是雖然稱爲屁，卻不像屁會散發惡臭，甚至還能食用。這種蕈類有如怪物，經常突如其來出現在地面上，形狀白白圓圓。

五、六月時，在竹叢、樹林下面或是墓地之類的地方可以看到它們。尺寸大約可長到人頭那麼大。起先體積很小，接下來逐漸鼓脹，長大到令人意外的程度。幼時呈白色、肉厚、內部很飽實，像是豆腐一樣容易破碎，然後逐漸變色，最後變成褐色、輕脆，從內部冒煙散放到空氣中，而這種煙其實就是孢子，稱之爲孢子雲也沒什麼不對。

在距今一千年前成書的深江輔仁所著《本草和名》中，將這種蕈類稱爲鬼瘤（オニフスベ，onifusube）。雖然オニフスベ的意思也可以解釋爲「燻鬼（鬼を燻べる，oniwofusuberu）」，不過我覺得フスベ（fusube）應該是指「瘤」。換句話說，可以推測鬼瘤是「鬼的腫包」。結實隆起，因爲鬼的身體很結實粗壯，所以就算長著大腫包也沒有關係。另外，要是有人將這個名字解釋爲要燻鬼的話，我只能說那個人的想法是基於很淺薄的想像而已。

這種鬼瘤幼嫩的時候可食用。在距今大約二百四十年前的正德五年（一七一五年）發行的《倭漢三才圖會》中寫著：「有薄皮，灰白色，肉白，極似松露，煮後可食，味道淡而甘甜。」早在這個時代就已經知道這種蕈類可食，眞是有趣。

此外，判定這種蕈類爲日本特有種，並首次發表其學名的人是川村清一博士。

（一九五六年）

論芒

今天來談談秋天的景物，芒草（ススキ）。

在我國，芒草廣泛在田野及山區的各處茂密生長，也是秋天的象徵。芒草可說是無人不知無人不曉的一種很普通的禾本科植物，但芒這個詞並不是一般民間的通稱，反而是知識階級所用的名稱，各地的一般人則是用カヤ（茅，或作萱）。

茅是最古老的名字，很可能是在日本神話時代之前就已經有此稱呼了吧。カヤ（kaya）的語源據說是「割取後鋪在屋頂上」，ヤ（ya）大概是指屋頂（屋根，yane），意思爲鋪在屋頂上，而カ（ka）是否眞的代表割取（刈る，karu）則尚不明瞭。カヤ也有可能是草屋（クサヤ，kusaya）的意思，因爲ヤ代

表屋頂，力則是草翻過來（反し，kaeshi）的 ka，從這個字能夠聯想到鋪在屋頂上的草。或者是更進一步，カヤ的語源也可能來自上古時代的草屋（以茅草鋪屋頂的茅屋），而草屋（クサヤ，kusaya）後來變成カヤ（kaya），這並非牽強到無法想像。

就如前述，茅（カヤ）是芒的古名，但是根據不同學者的意見，也有人會用白茅（チガヤ）、薹草（スゲ）、蘆葦（アシ）、荻（オギ）等稱呼茅草，不過我並不贊同，我相信茅的本尊無論如何都應該是芒才對。白茅等植物應該長得跟茅很像，才會被混為一談吧。

曾有書籍寫道，芒的日文ススキ（Susuki）的意思是茁壯成長（スクスク，sukusuku）的草（ki），所以得名。又或者，スス（susu）是疊字，表示清新舒暢（すがすがしい，sugasugashii）。還有一說，芒草從前會和竹葉放在一起，搖晃發出颯颯颯的聲音，在獻給神的歌舞中使用，所以也有學者認為ススキ（Susuki）一詞是スス（susu）加上樹（ki）而成。不過對於ススキ的語源好像還是沒有定論。

日本自古以來會用「薄（susuki）」這個字來當成芒的名字，這是錯誤的，就跟誤用「茸」來表示蕈類如出一轍。雖然薄這個字從以前就常用來表示芒，但那絕對不是芒的名字，薄單純只是用來形容芒的文字而已。芒草的莖葉密生成叢，由單株長出來，彼此相鄰聚集，於是古人就把薄字套在芒草頭上，也就是說那只是一個假借來套用的字而已。「薄」的意思是迫近，和日文中薄暮的薄、肉薄的薄意思一樣。薄暮是指暮色逼近，肉薄則是人們彼此推擠，正如我今天想要擠進電車時就靠近了其他人，芒的ススキ也是這個意思。

芒在山野的向陽地生長，經常會繁茂得覆蓋住整片山地，或是在田野上成群生長到無處不見芒草的地步。要是芒草的用途廣泛，應該就能善加利用，可惜目前可供利用的程度離滿分甚遠，所以芒大多都在山野上直接枯死了。

芒會長成株，在地下有橫向、短而多節的地下莖，從中長出鬚根，從土裡吸收養分。從地下莖多分歧的枝頂萌生莖和葉鑽出地表，一株株群聚集在一起成叢並繁茂生長。到了冬天即使莖葉乾枯，地裡面的地下莖依然存活，到了隔年春天就會從那株芒發出新芽。要是在早春時山野遭逢祝融，那時已經萌生數公分的芒草表面會被火燒得焦黑，這就稱爲黑頭芒。

春天發芽的芒首先會叢生有葉鞘的葉子，接著莖會從中豎起，葉子沿著莖成兩列互生，不過那些莖都被長長的淡綠色葉鞘包住，葉鞘則是長在莖節上面。葉子本體的葉片狹長，往末端逐漸變尖，表面是綠色，背面是帶點白色的綠色。在葉片的中央有一條中脈，表面爲白色，背面呈淡綠色。葉緣排列著銳利的細細鋸齒，手滑過葉片就會被割傷，這件事衆所周知。中國的書籍記載著「甚快利，傷人如刀鋒」。然後在葉鞘及葉片的交界有著稱爲小舌的小鱗片，這是禾本類的特徵。

禾本類的莖又特別被稱爲稈，往往在葉子已經乾枯掉落後，芒稈的本體才會露出來，此時可以看到它的節，看起來很像竹子，但是節並沒有荻的那麼顯著。稈是圓柱形，呈淡綠色，外部平滑，內部有組織，大多是白瓤。

芒在秋天時會長到最高，矮的高度約爲一公尺，高的則可以超過三公尺。稈的上方爲細長圓柱形，高度超過葉子，遠高於衆而高高聳立。其末端支撐著花穗，花穗則在空中飄揚。

花穗的形狀大，外觀非常醒目，中軸狹長有稜角、直直豎立，長度從七點五公分到二十四公分長。芒的枝梗以中軸爲芯，往周邊開出散放，風吹就會朝另一方彎曲。顏色有黃褐色或是茶褐色、紫褐色、褐紫色，顏色會依株而異，各自不同。花穗的長度從十五公分到四十公分都有，枝梗的數目則是一穗從五、六條到五十條的都有，枝梗會從花穗中軸的節各長出二、三條再聚集在一起。花期結束後花穗就會閉起來，但由於風吹或是莖稈傾斜，穗體大多會往一側彎曲。

在穗上有許多細小的花，成列長在枝梗上。花爲二朵二朵相伴，其中一朵花位於低處，小梗極短；另一朵花則位於上方，小梗稍長。花的本體會比花藥長，許多光滑的毛伴隨著花直立著，看起來就像擁護著花，但只要乾燥的話，這些毛就會斜斜地展開。

芒草的花和禾本科植物花朵的常態一樣，既沒有花萼也沒有花瓣。其外部有外穎，在內部有內穎，兩者外側都有毛，而且兩者是相對生長著的。接下來還有外稃和內稃，同樣是相對著生長，內稃有著長長的刺毛。接下來還有兩個稱爲鱗被的小小鱗片。前述的穎、稃及鱗被，這三者共同構成所謂的花苞，只要把它們的任務想成等同普通花的花萼和花瓣就可以了。

雄蕊有三個，在花開的時候，也就是穎稃的口開著的時候，絲狀的花絲就會把末端的花藥垂到花外面晃蕩。花藥有兩個囊，從縱裂開來的縫隙把乾爽的花粉散放出來，被不時吹來的風吹散到四方，附著到花柱的毛上，在那裡被捕捉。如此這般，芒的花和其他禾本科的花一樣都屬於風媒花。

花朵中心有一個雌蕊，花的本體中有一個子房，在子房的頂端有兩根花柱，上面有毛，長著許多柱頭。正如前述，只要花粉在此處被捕捉，馬上就會長出只有在顯微鏡下才看得見的花粉管，這個構造會迅速朝向子房內的卵子前進，狀態就像是一個女兒卻有八個女婿一樣，要跟卵子結合，其實只要有一根花粉管就夠了，除了那個幸福的花粉管以外，其他許多花粉管候補者都張口結舌，只能失望傷心。只要卵子有受精的話，不久之後就會成爲種子，子房的皮改稱爲果皮，子房在那裡變成果實。

禾本類的果實有個特別的名稱叫做穎果，通俗來說就是穀粒，和米麥的穀粒是同樣的東西，但是由於其形狀極微小，所以不足以拿來利用。而它們的果皮就相當於米麥的糠。

花落之後過了一段時間，長橢圓形的果實就會成熟，被包在這個穎果所在的穎片稃片之中。

這個時候穗會逐漸變乾，花下的毛散開，到最後擁著穎果的花體受到風吹而從花穗的枝梗脫離，由於花下有散開的毛，便隨風在空氣中飄浮，落在或遠或近的地上，在該處萌生新芽。芒的花穗之所以又高又挺拔，是因爲這樣才方便迎風。

芒的花穗稱爲尾花（オバナ），經常在和歌等文學中受到吟詠。著名的歌人山上憶良以秋天的七種植物（七草）爲主題所作的和歌中，尾花也有登場。人們通常認爲尾花被風吹拂的樣貌風情萬種，但是在傍晚夜深時，膽小的人就會誤認它爲幽靈，非常煞風景。

入冬之後假如寒風不停息，穗上的枯花就會漸漸掉落，末了只剩下花穗的骨幹寂寞地豎立，殘留在原處，這景象隨處可見，那時就連葉子也完全乾枯，不論山上或田野都變成蕭條的冬天景色，清晨還經常會有白霜覆蓋在枯葉上。想去旅行想瘋了的松尾芭蕉，應該在夢裡也會在這種枯野中奔跑吧。

有首可愛的端唄以尾花爲主題，從安政元年（一八五四年）就受人傳唱而變得非常有名。那就是：

「露水說與尾花同宿，尾花說沒跟露水同宿，一說有一說沒，芒草花穗顯露端倪（露は尾花と寝たという、尾花は露と寝ぬという、あれ寝たという寝ぬという、尾花が穂に出てあらわれた）」⑲

芒有各種各樣的變種。首先細葉芒（イトススキ）的葉片極爲狹長、花葉芒（シマススキ）的葉片有白斑、斑葉芒（タカノハススキ）的葉片有箭羽形狀的斑。在歌中出現的眞蘇枋芒（マスウノススキ，masu-u-no-susuki）就是十寸穗芒（マソホノススキ，maso-ho-no-susuki），這種芒會開紅花，現在稱爲紫芒（ムラサキススキ）。此外，十寸穗芒之名是用來稱呼花穗壯大的芒。這種眞蘇枋芒、十寸穗芒，從前曾讓登蓮法師心生疑惑，因爲想要盡快得知解答，他不禁感嘆生命短暫，豈能等待雨過天晴（人の命は晴れ間をも待つものかは）。

還有一種叫做五節芒（アリワラススキ），在日本稱爲在原芒（在原ススキ）或是常盤芒（トキワススキ），又名寒芒（カンススキ）。五節芒和一般的芒草隸屬不同種，在關西地方很多，冬天葉子不會掉光，再加上外觀雄偉，所以經常栽植於農地周圍用於避風，在河川的土堤等也很常見。七月左右很早就會長出花穗，形狀又長又大，花很細碎。但是五節芒沒有像一般的芒草那樣誘人的風情。

八丈島的芒草是種來給伊豆七島的牛當飼料，但是在我國本土的南海岸則有野生的。

有許多禾本植物冠上芒之名，稱作××芒，但那些通常都不是芒屬的植物。

芒的學名是 *Miscanthus sinensis* Anderss.。它的小種名 *sinensis* 雖然是「中國的」意思，但那是以中國產的標本為模式標本而命的名字。這種芒在中國也有，中文名字就叫做芒，跟日文中代表鱗片或是刺的「芒」是同字。屬名的 *Miscanthus* 是由兩個希臘文字彙 mischos（梗）和 anthos（花）合成的，據說如此造字的原因大概是基於長在小梗上的花。

關於芒還有許多內容可以寫，不過篇幅會變得太長，所以就在此打

⑲ 露是男性，尾花是女性，穗與臉頰的發音相同，臉頰的顏色透露眞假。——譯注

住吧。

（一九五六年）

紫花地丁解說

對紫花地丁的眷戀

「吾人造訪春野欲摘堇，心繫野原逕夜眠（春の野にすみれ摘みにと来し吾れぞ野をなつかしみ一と夜寢にける）」。詠這句和歌的人要是實際上眞的由於某地有紫花地丁（スミレ）而更戀戀不捨的話，應該是令人難以想像的紫花地丁癡吧。雖然我不曾看過世間有誰對紫花地丁如此情有獨鍾，不過這首著名的和歌是山部赤人所作，收錄於《萬葉集》之中。

假如對紫花地丁抱持的愛沒有像他這麼多，種植紫花地丁觀賞的人也應該無法洋洋自得吧。

只要提到紫花地丁，幾乎無人不曉，更不用說這種花莫名地讓人覺得念念不忘呢。

至於爲何如此，是因爲名叫紫花地丁的小草會在春天的原野上開出可愛的美麗小花，隨著柔和的春風吹拂搖擺。深紫色花朵在風中飄盪，花姿也很優美，所以不論是什麼樣的人應該都會覺得紫花地丁是很可愛的花吧。

關於「紫花地丁」之名

只要聽到紫花地丁的名字，就會莫名地感覺是個令人喜愛的好名字——但要這樣想的話，對紫花地丁名字的由來不感興趣可能反而更聰明。因爲我認爲一旦知道語源，就有可能會傷害到它們的美譽。

紫花地丁的日文名字スミレ（sumire）取自木匠使用的墨斗形狀，由於紫花地丁的花朵外觀很像墨斗。換句話說就是墨斗（Sumi-ire）的「i」被自然省略而成爲 sumire 而已。

自古以來日本人就用菫這個字來代表紫花地丁，菫菜也是一樣。但不論是菫或是菫菜都絕對不是這種紫花地丁，所以紫花地丁套上這些名字是大錯特錯。然後不管是菫或是菫菜，也都是跟紫花地丁完全無緣的字眼；只有在把兩個菫字疊在一起，稱作菫菫菜時才首次能指稱紫花地丁。可是這種菫菫菜究竟應該是我們的菫菜科植物中的哪一種，現在已經不可考，總而言之這是中國稱呼某一種菫菜科植物所用的名字。像這樣把兩個菫字疊在一起，再加上一個菜字，才初次成爲紫花地丁的名字。只用一個菫字，或是只用菫菜兩個字，都絕對不能指稱紫花地丁，這件事我們必須要知道並記住。

然而要是以植物名稱來談菫及菫菜原本是指什麼，其實就是大家熟知的芹菜，也就是Celery（學名爲*Apium graveolens* L.）。菫和芹通用，也寫作芹菜，是一種繖形科植物的名稱，在中國是種植在農地中的蔬菜。換句話說，其實就是旱芹。爲了方便大家看懂，在這裡做個整理。

菫（芹）Celery（オランダミツバ）

菫菜（芹菜）Celery（オランダミツバ）

菫菫菜　菫菜屬的一種植物

這裡稱爲菫的芹有個別名叫做清正人參（キヨマサニンジン），這種情況眞的很少見。好像是從前加藤清正在征伐朝鮮的時候從該國帶回種子，後來就可以在安藝國（廣島縣西部）廣島的城下領地看到它們在野外生長的姿態，但現在應該早就滅絕，只剩下名字道古今而已。至於清正爲何特地從朝鮮把這種東西帶回來，據說是因爲在征伐朝鮮的時候被朝鮮人欺騙，誤以爲這就是名產的藥用人參，相信這正是昂貴的朝鮮人參而帶回來。就連芹菜也有這樣的奇談，不是很有趣嗎？

此外還有地丁這個名字，在中國有時用來稱呼前述的菫菜屬植物，有時候也用來稱一種豆科植物「米口袋」（學名爲 *Gueldenstedtia multiflora* Bunge.⑳）。這種草在日本沒有，只有分布於中國，是一種宿根草。

以菫菜類的名字來說，支那產的物種除了上述的菫菫菜以外，依照種類不同，還有匙頭菜、犁頭草、箭頭草、實劍草、如意草等的名字。

紫花地丁另外還會依照各州而有各種各樣的方言名稱，像是スモトリクサ（sumotorikusa）、スモトリバナ（sumotoribana）、カギトリバナ（kagitoribana）、カギヒキバナ（kagihikibana）、アゴカキバナ（agohikibana）、カギバナ

（kagibana）、トノウマ（tononouma）、トノウマ（tonouma）、コマヒキグサ（komahikigusa）、キョウノウマ（kyonouma）、キキョウグサ（kikyougusa）等。此外還有像一夜草或是一葉草這種在古代人吟詠的歌中使用的名字，例如「一夜草，夢逐醒，古時花，今摘否（一夜ぐさ夢さましつつ古への花とおもへば今も摘むらん）」、還有「即使賭命也不惜，美月之下夜夜盛開一葉草（いのちをやかけて惜しまん一葉ぐさ月にや花の咲かむ夜なく）」。

以菫菜屬植物的種類來說，我們日本其實是世界第一，也就是在菫菜屬的領域中，日本是世界的一流國家。日本在薹屬植物的領域中也是如此。這不是很讚嗎？很想要跟世界萬國說：「如何，忌妒吧？」我們日本的菫菜類直接衝破一百種，代表幾乎占了全世界菫菜類植物的五成左右，眞的相當了不起。這些植物全都屬於菫菜屬（Viola），而 Viola 的俗稱就是 Violet。Viola 的來由是以菫菜屬的希臘文 ion 爲基底，再加上「小」的意思而成的

⑳ 現在的學名爲 *Amblytropis multiflora*。——譯注

拉丁文字。這些堇菜屬植物再集合而成所謂的堇菜科（Violaceae）。

無莖種及有莖種

在日本生長的這麼多種堇菜類植物可以大致區別爲兩類：一是不具地上莖的種類，也就是所謂的無莖種；另一類則是具有明顯的地上莖，又稱有莖種。普通的紫花地丁是無莖種的一例，紫花堇菜則是有莖種的一例。比較有莖種和無莖種的話，以無莖種占大部分。

無莖種的葉子全部都是基生的，從極短的直立地下莖叢生，花莖也同樣是基生。這些特徵只要看過常見的紫花地丁就馬上會懂。根是鬚根，從地下莖往下長。

有莖種的各種堇菜屬植物，最初長出來的葉子也是基生葉，在莖生長出來後葉子就會轉變成互生，成爲莖生葉。

葉子有葉柄，在柄的基部有托葉。無莖種的葉片是長在葉柄上端，常下沿葉柄呈窄翼狀，有莖種的葉片則是從托葉邊分生出來的，其中有些托葉還會分裂為梳齒狀。葉片的形狀五花八門，有長形、圓形，或是裂開的，依照種類而各有差異。此外還有葉片表面長毛、帶斑紋、有光澤、葉片背部帶有紫色的種類等，葉緣多半帶有鋸齒。

花莖從葉腋長出（植物學上把這種沒有葉的花莖稱為花葶。例如水仙、風信子、櫻草等的花莖都屬這類），在其頂部開一朵橫向的花。雖然看似單花，但其實是聚集成為一朵花的聚繖花。㉑在這支花莖的某處一定會固定長著兩小片花苞（所謂苞，是指在花附近的小葉片）。偶爾會從這個苞腋長出小梗，而這便能供作證據，證明花序是聚繖性。

花的解剖

花朵最下方有五片小小的綠色萼片，接下來有五片花瓣，通常呈現紫色。這五片花瓣的結構是上方兩片、側面兩片、下面一片。下面的一片是唇

㉑ 菫菜類植物幾乎全為單生花。——編注

瓣，和其他四片不同，有幾條紫色的脈，其後方則有一個長長的囊（植物學上稱爲花距）往後方突出，在花距之中分泌有蜜。

花的中央有五根小小的雄蕊，產生白色的花粉。帶著花粉的囊稱爲花藥，在花藥的前端有黃褐色的鱗片。從上方俯瞰，這些藏在花裡面的雄蕊之所以看起來會是茶褐色，就是因爲這些鱗片。

在前述的五個花藥中，位於下方的兩個有特別長的腳，深入花距之中。爲什麼結構會是這樣，對這堇菜類的花來說有著不能視而不見的重大意義，理由如下：

花朵中心有一個綠色的子房，被上方的雄蕊包圍。子房的上面立著一根花柱，花柱的頂端變大，成爲所謂的柱頭，質地稍微黏糊。子房之中有許多胚珠，往後會成爲種子。

正如前述，附屬在雄蕊的那兩根腳會長長伸進這種花往後方生長的花距之中。爲什麼花朵內部的結構如此，就是爲了要讓這種花的雌雄配對能夠有好的結果。換句話說，這就是讓雄蕊產生的花粉能夠附著到雌蕊柱頭上的願望之體現。

與蟲子打交道

話說堇菜類植物的花是蟲媒花，也就是以昆蟲爲媒介的花，因此花的結構全都是適合昆蟲傳粉爲取向。

首先請注意，它的花是朝橫向開的，正好方便從側面飛來的蟲子進入花中。此外，花的顏色很美麗，也能方便它成爲目標吧。蟲子到來的時候總是要有可以停棲的地方，而位於最下面的花瓣，也就是唇瓣，就能成爲牠們駐足之地。然後從雄蕊突出的兩根腳會進入花距，在花距的底部有蜜。當來訪的蟲子抱住其中一片花瓣，先前提過那位於該處的顯眼紫色脈線是朝向花距底部聚集，像是在給予蟲子指示，說在此深處有蜜，蟲子也就會遵循指示將口器伸入花距中吸蜜。

如此這般，當蟲子把頭栽進花中，將口器伸進花距，昆蟲的口器就會碰觸到伸入花距中的雄蕊的腳而導致雄蕊擺動，正好形成了槓桿作用而連帶使得雄蕊的花藥移動，於是粒粒花粉就會從花藥的藥囊中掉落到正好來到那裡的蟲子的頭部背部，附著在牠們長有細毛的頭上或是背部。蟲子本身完全不知道發生了這樣的事，只是在吸飽蜜以後就抽回口器，再去造訪別朵花，然後在把頭栽進新造訪的花的剎那，原本附著在牠頭上或是背部的花粉，就會自然地碰觸到正好伸到那隻蟲子頭上的柱頭，附著其上。於是蟲子很自然地成為花粉的傳播媒介，完成對那朵花來說極為重大的任務，但是那隻蟲對此事卻毫無自覺，眞是很有趣的現象。換句話說，花以蜜這種美食來誘惑蟲子，請牠幫忙完成一件對花來說非常重要的事情。溫柔的堇菜類植物花朵不會殺死那隻蟲子，誘惑的招數可說是相當狡猾，但是從另一個角度來看，也能夠說這才是與大自然共榮共存的方式。

美麗的石婦

但是，像這樣巧妙天成的花朵結構，對這類蟲媒花來說，到了現今卻變得似乎並非絕對必要，眞是不可思議。也就是說堇菜類植物（除了三色堇以外）在過去應該不是如此；就算不用上「它們現在只是無謂地開著花」這種極端的形容，說已經很接近那個狀態，也算是合理。這樣就正像是石婦（沒有子嗣或無法生育的女性），或像總是生出體弱多病孩子的婦女，卻仍梳妝打扮、嫣然微笑展現媚態。這一點不就是自然界的矛盾嗎？

草木的花會產生種子，產生種子是爲了傳宗接代，而傳宗接代則是爲了不要讓自己絕後，這在人類也是一樣。人類之所以有男有女，是爲了要延續人類的血脈，而有非生小孩不可的重大任務，因此我相信單身生活是最大的罪惡。不論男女，都應該毫不猶豫地結婚，然後生很多小孩才對。我大聲吶喊，這是上天賦予人類最重大的責任。保持單身是身爲靈智人類卻輸給無智草木的行爲。

在奇怪的地方發散怨氣眞是抱歉。堇菜類就是會開美麗花朵，目的卻非結實的植物（雖然其中也還是會有結實的）；而不能產生種子，對堇菜類的一生來說眞的是一件大事，是不能夠大意的事件。

結實的妙處

但是世間事眞的很巧妙，堇菜類不管花怎麼開都無所謂，而且還早早準備好祕技，那就是稱爲閉鎖花的替代品，悄悄地多多結實產生種子。像堇菜類這樣繁茂生長閉鎖花的植物並不多。當擔綱堇菜類門面的花朵開始凋落，就會長出閉鎖花。閉鎖花如其名，就是閉鎖著的花，不會長出有顏色的普通花瓣。閉鎖花不知不覺地長出，但是外行人看不出來，它們會陸續開花，努力地生產強健的種子。

雖然堇菜類的閉鎖花和一般的花同樣有花莖，但通常長度較短，隱藏在葉片下面，這個時期的葉子也比春天時大上很多。這些閉鎖花從春天一路開到夏天秋天，雖然有花萼但是花瓣不發育，雄蕊也只有少數幾根，花內有子房也有柱頭。即使開花，花瓣也總是閉合著，看起來簡直就跟花蕾一模一樣。果實成熟的時候，花莖大多會變長，出現在葉片上方，但也還是有被葉子遮蔽而停留在地面附近的個體。

散布種子的工作

果實的體積小，雖然也有圓形的，不過通常以橢圓形爲多。成熟的時候會裂成三瓣，讓內部的種子飛散。往本體的周圍四方飛散，是爲了要讓新苗能夠長在廣闊的地面。除此之外，種子有肥厚的種阜，這種種阜的設計讓它們往後可以輕易和種子分離。在種子散落到地面之後，只要螞蟻發現了，就會立刻搬回蟻窩去，膨大的種阜成爲食物，種子則被棄置地面，從此萌發出新苗。現在試著注意看它們讓種子飛散的工夫，會發現相當有趣。裂成三瓣的殼片質地很硬，圓形的小種子朝向船形的中央部呈縱向排列。雖然果實剛開始裂開時，種子還乖乖地排在裡頭，但是不久之後就啪啦啪啦地往四方噴飛。爲什麼種子會這樣飛散，其實是因爲種子排列著的殼片中央部分有著縱向的小溝，當殼片乾燥，小溝的兩側會從左右包夾住種子，隨著殼片乾燥程度還會越來越收縮，讓兩側施加的壓力變得很大，最終因爲斜面作用而讓種子往外突出飛走。在種子飛離之後，常可見到已經裂成三瓣的殼留在長長花莖的頂端。

香氣

一般來說，通常可以藉由香氣分辨堇菜類植物。它們全都是宿根草，只有外國產的三色堇通常是一年生植物。

西洋產的堇菜類植物中的香堇菜，美麗的花呈紫色，不過這種植物主要是以其香氣而受到珍視。在日本，大家都喜愛紫花地丁的美麗花色及漂亮花姿，通常都沒有注意到香氣。那是由於日本的堇菜類大多沒有香氣，雖然也有像叡山堇（*Viola eizanensis*）和匂立坪堇（*Viola obtusa*）這樣有香氣的種類，不過它們的香氣還是不受到重視。

就像西洋的 Violet 那樣，現今日文的スミレ（sumire）應該視爲這類植物的總稱比較好，一般人也應該要這樣記得。不過現在的植物學界會用這個名字專指紫花地丁這個物種，然後在其名之上再加一個形容詞以指稱其他種類，例如小スミレ（小堇）、茜スミレ（茜堇）、野路スミレ（野路堇）、深山スミレ（深山堇）、立スミレ（立堇）、源氏スミレ（源氏堇）、円葉スミレ（圓葉堇）或是黄スミレ（黃堇）等。

坪菫的「坪」

從很久以前就有ツボスミレ（坪菫）這個名字，吟詠和歌時常提及，例如有「山吹花下，田野坪菫朵朵，春雨中盛開（山ぶきの咲きたる野辺のつぼすみれこの春の雨に盛りなりけり）」或是「摘掉茅花的白茅原野中，坪菫盛開如我的愛戀（茅花ぬく浅茅が原のつぼすみれ今盛りなり吾が恋ふらく）」等。「坪菫」這個名字雖然在今日的植物學界專指會開小白花的如意草，但原本自古以來名叫坪菫的植物會開紫色的花，指的是從庭院到原野都常看見的一種菫菜類植物。

雖然根據觀點不同，有人會把這種花名的來由解釋成花朵的形狀有點收攏，看起來很像個壺（tsubo）而得出ツボスミレ（tsubosumire）之名，但是我卻認爲如同往時的某位識者所說，這名字代表它們是長在庭院中的菫菜類植物。換句話說，說起 tsubosumire 的 tsubo，指的是連接到庭院的整片原野（坪）。

這個 tsubo 就如源氏物語的桐壺（kiritsubo）的 tsubo 一樣，總之只要理解成「庭院」就可以。現今把庭院稱爲 tsubo（坪）的地方已經很少了，但是在我的故鄉土佐還留有這種昔日的說法，直到現在也仍舊把庭院稱爲tsubo（坪）。聽說在名古屋一帶也是如此。但雖說是庭院，也不是栽種很多樹木的庭園，而是家門前的廣場或院子，也就是「坪」。例如「在坪曬麥子」、「孩子在坪鋪草蓆玩耍」、「在坪打陀螺」等所提到的「坪」。

有著一定程度面積的tsubo，也就是「坪」，說它跟坪菫的坪爲同樣意思應該是沒問題的。

有可能坪菫從前曾長在家門前的庭院，被人看到而取名，但是後來在原野上也同樣看到它，一併稱之爲坪菫也沒什麼不可以。就如同日本萍蓬草（カワホネ）的日文漢字寫作河骨，即使當它不長在河裡、改長在池塘時，也還是稱作河骨，並不會改稱爲池骨一樣。此外，山櫻開在原野也還是稱爲山櫻，不會稱爲野櫻，道理是一樣的。屬於繖形科的雷公根（ツボクサ，tsubokusa），名字的意思是坪草，也就是庭草，這種草也是由於生長在家門前院子的地上等地點而得名。從而《大言海》上寫的「其花形似鞆（壺）而得名」的解釋就不正確，雷公根的花絕對不像鞆（壺）。

（一九四三年）

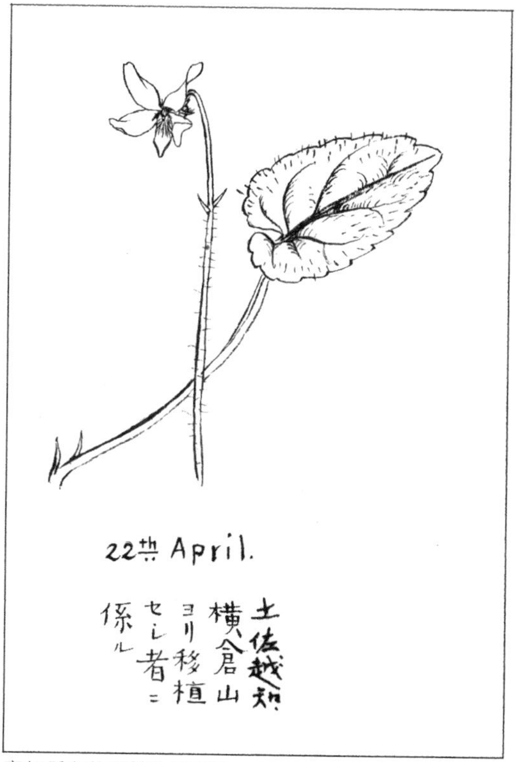
22th April.
土佐越知
横倉山
ヨリ移植
セシ者ニ
係ル

高知縣立牧野植物園提供

銀杏的游動精子

銀杏（又名公孫樹、鴨腳、白果樹，學名*Ginkgo biloba* L.）竟然會有游動精子（Spermatozoid），眞是令人即使做夢也想不到。這項日本人於本國的發現非常具爆炸性，是讓全天下學者大爲震驚的學界一大罕事。銀杏原本很平凡地名列松柏科之中，現在立刻一口氣獨立成爲銀杏科，還有了銀杏門，眞是轟動世界。最初發現銀杏精蟲的人，是在東京大學理科大學植物系中擔任畫工的平瀨作五郎（其肖像刊載於昭和三年〔一九二八年〕九月發行的《植物研究雜誌》第四卷第六號，想要看他長相的人可以找來看看），發現的時間其實是在明治二十九年（一八九六）年的九月，距今正好五十七年前。

有了這樣重大的世界級發現，一般來說，平瀨當然應該就能輕易擁有取得博士學位的資格，可惜世事多舛人心難測，底線還有更底線，很不幸地，他不僅沒有贏得那項榮譽，還立刻就成爲陰謀不軌的人手下的犧牲品，被貶到江州（滋賀縣）建於琵琶湖畔彥根町的彥根中學當老師。讓他遭遇這種慘痛經驗的人，不僅可悲而且很愚蠢。話雖如此，他赫赫有名的功績並沒有消失，而是公開發表在《大學紀要》上，那篇論文永遠燦然閃耀。此外，後來在明治四十五年（一九一二），他也很光榮地獲得帝國學士院頒贈的恩賜獎以及獎金。

用作研究材料、在果實中發現精蟲的那棵樹，是高高聳立於大學附屬的小石川植物園內的銀杏大樹。那棵樹被指定爲有歷史意義的紀念樹，現在也仍舊存活繁茂，在初冬樹葉變黃時景象非常壯觀。

要是將其游動精子誕生的過程做個比喻的話，就像是有小男生小女生從小指腹爲婚，那個小男生早早就被帶到命中注定的未來新娘家中養育，到了兩個人都年紀適合的時候就成婚。

銀杏是雌雄異株，有雄樹和雌樹。雖然有時候這兩種樹會正好相鄰並排，但通常是以雄樹、雌樹相隔相當遠的情形為多。到了春天開始長出新葉的時分，在枝頭上開花的雄花會釋出花粉，花粉被風吹送，飛散到遠近四周。由於花粉極為微小，它們飛散的過程雖然以我們的肉眼看不見，卻還是會有心懷僥倖等待這些花粉飛來的生物，那就是長在雌樹枝頭的小小雌花，也就是裸露的胚珠。在這個胚珠的頂端有個像是被針頭戳穿的細微小孔，會靈巧地抓住飛來的花粉引進孔中。最不可思議的，是從遠處隨機飛來的花粉，竟然可以像是以胚珠頂端小孔為目標飛過來呢。這會讓人覺得胚珠是否有某種引力，能把花粉拉過來哩。花粉像是濛濛的煙霧，或像是淡淡的雲那樣飄來，抑或是零散稀薄地一粒粒飛來，還能夠沒有失誤，精準地正好飛進小孔中，這只能讓人不停驚嘆大自然的造化之妙。

那麼，到了春天，飛進小女生家的小男生（花粉）被小女生家收容之後，在幾個月之間逐漸生長壯大；而養育他的那個小女生家（胚珠），隨著時間經過也一天天逐漸變大。就在這樣的狀態下，胚珠長成大大的果實，起初呈綠色，在秋風吹拂中開始染上黃色。啊哈，就是這個時候！在接近果實頂部的內側形成了一個有液體累積的部位，接著在小女生家迎來成年的男孩的花粉囊每次會跳出兩隻游動精子進入那液體中，游動精子會擺動自己身體上的纖毛，在液體之中游來游去。不久之後，便和同樣在自己家中迎來成年的女孩的雌精器接觸，聯手成婚成爲一體，快快樂樂地建立生育的基礎。換句話說，這是指腹爲婚的男生（雄）和女生（雌）首次交會，四海無波地完成婚禮儀式。從春天到夏天再到秋天，在這段長久歲月毫不延宕、持續生長，達到成長期，總算到了期待已久的閉幕演出。這時在樹上還留有許多果實，到處都在舉辦華燭盛典，眞是大大恭喜、指腹爲婚的夫婦萬歲。不久之後，果實終於變得軟而黃熟，帶著異臭掉落地上，葉片也還呈現鮮豔的金黃色，宣告結婚典禮已經結束，欣然地優雅散落，再不久就到年底了。只要完成結婚過程的果實落地，隔年就會從該處萌生新苗、繁衍子孫。

銀杏的黃葉之美，其他樹遠遠不及，從遠處眺望時，都能夠成爲房子、寺院、或村落的標誌。要是在山上種下幾千株銀杏樹，讓整座山都成爲銀杏林的話，絕對非常壯觀。我要是有$的話鐵定會這樣實行，讓世人驚艷到瞠目結舌，只是我的錢包很小無計可施，實在是遺憾至極啊。

銀杏會產生特別的垂下瘤狀物，這是只有此種樹才有的著名現象。它應該是一種氣生根，通常會長到接觸地面，前端深入地下。

現在所看到的銀杏樹是從前由中國引進日本的，並不是原生於我國。雖然無疑原產於中國，可是現在中國也已經找不到野生的銀杏樹了。

（一九五三年）

木通

只要到山野去就會看到木通（アケビ），它是秋天的景物之一，到了秋天，它最引人注目的特色，就是其可供食用的果實會在這個時期成熟。鄉間的孩子在栗子開口笑的時候便經常到山裡去，在從前熟悉的草叢中看見木通的果實，就會喜出望外地採摘來吃。在東京附近的話，只要去筑波山或是高尾山，那個時節一定會在山路上看到當地人販賣從山上採來的這種果實。由於果實的形狀肥大，顏色是非常引人注目的紫色，所以路過的人完全不會漏看。對都會的人來說，這果實很稀奇，就會買回家當伴手禮。

紫色果皮中有柔軟的白色果肉，味甜好吃。只是在果肉裡面有許多黑色種子，食用時得一顆顆吐掉，相當麻煩。

吃完果肉的果皮既厚又軟，丟掉會讓人覺得很可惜。不過根據地域差異，有些人會把果皮放進油鍋炒，調味過後端上餐桌當成菜餚。去年秋天我在箱根蘆之湯的旅館紀伊國屋就有品嘗到這道菜，感覺眞是風雅。

在距今大約一百年前，這種果實的皮被當成藥材在藥店裡販賣。現在或許也還會如此吧。而且它有個很有趣的名字，叫做肉袋子。

前述的木通的果實，果實形狀很像短小的瓜，成熟的時候厚實的果皮會從一方縱向裂開來。起初只裂開一點點，接下來裂縫逐漸擴大，最後打個大開。仔細盯著那個裂口看的話，忍不住想要咧嘴笑的感覺就油然而生，因爲那個形狀非常像女性的某部位，相似度高到誰人看了都會如此感覺，所以早在久遠以前木通就別稱山女或是山姫。此外，古時候還稱它爲蔄。也就是說這個造字的蔄（kai）是指女性的那邊，現在也會有地區將它稱爲おかい（okai）或おかいす（okaisu），這應該是自古沿襲至今的用字吧。然後由於這種植物是草（其實不是草，而是會長蔓藤的灌木），所以在開字上面加個草頭。木通的果實呈這種婀娜姿態，所以誕生了あけび（akebi）之名，而這個あけび又是由あけつび（aketsubi）縮短而成，つび（tsubi）其實也是女性的那

裡的另外一個名稱。不過也有人認爲あけび的語源是「開肉（akeniku）」，因爲當它的果實裂開時會露出內部的果肉。還有人認爲あけび之名是源自打呵欠（あくび，akubi），因爲果實裂開的外觀很像打呵欠時張開嘴巴的樣子。也有些地區把あけび叫做あくび（akubi）。此外，關於木通的語源還有其他說法，但不論是前述的開肉說或是打呵欠說，即使說不上拙劣，卻也太過平凡，反而是最早提及的あけつび（aketsubi）的說法比較有趣而且合情合理。除此之外，既然從前都已經有了草字頭的開字，又曾使用山女、山姬的字眼，從此角度，提倡這種說法好像也不是件壞事。把木通稱爲おめかずら（omekazura，妾蔓）或是おかめかずら（okamekazura，阿龜[22]蔓），恐怕也跟女性有關係吧。

正如前述，原本あけび是果實的名字，但是後來就變成是在指稱整株植物。但是假如眞要指稱這種植物，就應該要稱呼它爲あけびかずら（木通

㉒阿龜（おかめ）：日本自古以來的傳統面具之一，特徵爲圓臉、鼻子低而圓、頭很小、有劉海、臉頰鼓鼓突出。也用來形容具有同樣長相的女性。——譯注

蔓）才行。因為這個稱呼也是自古以來就有的。

木通的果實其實是相當風雅的，當然俳人或歌人也不會放過它。從前的連歌中，有歌人在看到山女（五葉木通）時吟詠「今見山女遊玩，未料送來野翁（けふ見れば山の女ぞあそびける野のおきなをぞやらむとおもふに）」。這個「野翁（野のおきな）」其實就是經常被寫成「野老」的蔓草的地下莖。此外也有詩句寫道「毬栗意志不堅掉落地，都因窺看山姬美笑靨（いが栗は心よわくぞ落ちにけるこの山姫のゑめる顔みて）」，並有對其唱和的詩句「毬栗順君心，方落山姬笑靨中（いが栗は君がこころにならひてや此山姫のゑむに落つらん）」，這裡的山姬就是指木通。還有以山女為題的詩歌「壯丁折枝山女為伴，日暮回返大原里（ますらをがつま木にあけびさし添へ暮ればかへる大原の里）」。此外俳句中也有各種各樣，其中有正岡子規吟詠的「老僧贈山女，告假休息（老僧にあけびを貰ふ暇乞）」。石井露月的俳句則寫道「想入山女叢，小鳥搶先到（あけび藪へわれより先に小鳥かな）」，李圃的俳句有「眺看棕耳鵯飛去處，應有山女吧（ひろどりの行く方見れば山女かな）」，箕白的俳句有「拉扯木通蔓，葉落飄散是秋晴（あけび蔓引けば葉の降る秋の晴）」，高田蝶衣的俳句有「山珍之一是木通（山の幸その一にあけび読れけり）」、「開口露腹腸應是木通吧（口あけてはらわたみせるあけびかな）」。以下這些詩歌則是我自己寫的：「原來如此細細看正是木通（なるほどと眺め入ったるあけび哉）」、「女客看見山女把臉轉側（女客あけびの前で横を向き）」。我拿給朋友看，問問他們的意見，結果被笑說寫成川柳㉓就好了吧。

我國日本一般有兩種木通（現在還多了一種雜交種），通常一律稱爲木通。在今日的植物學界中，是把其中的五葉種稱爲五葉木通或單純簡稱木通，另外的三葉種則稱爲三葉木通，以便區分兩者。

不論是五葉木通或是三葉木通，從植物學上來看，都一樣是藤蔓爲左旋的纏繞藤本植物，也就是會長蔓藤的灌木，這跟日本紫藤那類的植物是一樣的。葉子會在冬季散落，掌狀複葉在長長的葉柄上互生。花是在四月左右形成總狀花序，雄花雌花開在同一個花穗上，花只有三個紫色的萼片，沒有花

㉓川柳：日本文學中的一種詩歌體裁，和俳句同樣，一首作品中依序要有五、七、五個音節，但其餘限制比俳句少，題材也較幽默輕鬆。——編注

瓣。雄花有雄蕊、雌花有雌蕊，雌花的形狀比雄花大，但花的數量比較少。

比起五葉木通，三葉木通的果實更大，果皮的紫色也更美，食用的話以此種為佳。

市售的木通籃子，是由哪一種木通做成的呢？由於這物品通常稱為「木通籃」，所以應該有很多人認為是由普通的木通（五葉木通）為材料吧。就連專攻植物的博士也會有這樣錯誤的認知，還發生過把錯誤資訊寫進書籍中的滑稽事例。其實製作這種木通籃子的材料全部都是三葉木通，不會使用普通的五葉木通。三葉木通莖幹的基部會長出極為細長的枝子，沿著地面攀爬延伸，木通籃子就是採下三葉木通的枝條剝皮之後製作而成的。普通的五葉木通不會長出這種細長的枝蔓，所以不值一提。在我國東北各地多半只有三葉木通，所以在那些地方會把三葉木通簡稱為木通。因此以東北地方為主要產地的這種籃子會稱為木通籃子，也是其來有自。

摘取木通發芽的莖和嫩葉，煮過以後擠乾水分拌上醬汁便可以食用，或是蒸過之後乾燥便可泡成茶飲用。山城鞍馬山的名產醃漬山椒嫩葉（木の芽漬）是把木通的嫩葉和忍冬的葉子混在一起醃漬而成的。

自古以來，我國的學者都把我們的木通和中國的通草（別名也叫木通）視爲一樣的東西，因此就把木通當成一種藥用植物。但是近來的研究得知，前述的通草並不是我們的木通，所以究竟木通是否能夠作爲藥用就變得很可疑了。

再談談一件很有趣的事。木通在植物學上的屬名爲 Akebia，這個全世界共通的屬名當然是以日文的 akebi 爲基礎而命名的。其中五葉木通的學名爲 *Akebia quinata*，三葉木通的學名則爲 *Akebia lobata*。這是植物學上的通稱，只要說出這個學名，全世界的學者都聽得懂。生物學上每一種動植物都有這樣的專有名稱，學者都是使用這個學名。由於篇幅已經太長了，所以關於木通的文章就在此打住。

（一九三六年）

野外的雜草

世人總是很鄙視雜草，但是雜草其實並不是可以隨便看輕的。既然雜草確實是植物，身上就具備各種樂趣，越發掘就越能品嘗出滋味，同時也會不由得讚嘆大自然之妙。如果現在人們對植物產生一點興趣，將注意力轉向它們的話，究竟會獲得多少寶貴的知識跟深厚的樂趣呢？應該會多到無法估計吧。視情況，有不少植物能帶給我們的樂趣，甚至比開出美麗花朵的花草更多。多虧我們是植物研究者，我們才能不斷對此有所體驗跟實踐，也獲得最多的樂趣。這種深厚的樂趣能夠持續一輩子，讓我們無時無刻都覺得極爲幸福，心中完全不會感到寂寞。還好我天生就喜歡植物。關於這點，我經常覺得很慶幸。

我想要和人們分享這種樂趣，那是現在對植物稍微加以注意的人都能夠獲得的。「只要朝夕有草木爲吾友，就不會有寂寞的心情。」很幸運的，我就是處於這種境地。就算世上所有的人都不理我，我也無怨無悔，因爲我眼前有著無數的愛人，讓我永遠不會寂寞，沒有什麼好抱怨的。現在就讓我來談談兩三種雜草。

在野外最常見的植物是博落迴（タケニグサ），它那綠色的大型草集中挺立的模樣，在周圍的草中大放異彩。這種草在中國也有。

它圓柱形的中空莖可以成長到兩公尺高，顏色正面青反面白的大葉子優雅而帶有裂緣，頂端豎著大型的花穗，開著無數白花，從遠處也能夠看得很清楚；不過走近一一檢查花朵，會發現花只有二枚萼片跟雌雄蕊而已，反而看不到花瓣。換句話說它們是無瓣花，沒有花瓣。花期結束之後會長出許多果實的莢，若晃動稱爲蒴果的果莢，能夠聽見嘩啦嘩啦的聲音，因此這種草還有別名爲ササヤキグサ（囁草，sasayaki-gusa），用方言發音就成了シシヤキグサ（shishiyakigusa）或是ソソヤキ（sosoyaki）。另外，嘩啦嘩啦的聲音很

吵，所以它也被稱爲吵架草（喧嘩グサ），非常有趣。

要是這種草稍微受點傷，它就會滲出橘黃色的乳汁，於是人們直覺認爲它是毒草，就又被稱爲狼草，是種爺爺不疼姥姥不愛的植物。雖然好像沒有什麼特別的效用，但也有人說只要把這種汁塗上皮膚就能夠治癒皮膚病。

在絕大部分人的想像中，只要用博落迴和竹子一起煮，就能夠讓竹子變軟，但絕對沒有這回事。我認爲博落迴的日文名字竹似草的由來很可能是它有點像竹子。因爲其圓柱形的莖內部中空，跟竹子非常相像。到了秋末，博落迴的葉子乾枯時莖會變硬，變得像竹子一般，所以有些地區的孩童就會拿它來做笛子吹。在中國也同樣有這種習俗，會利用這種草來製作笛子。博落迴其實就是一種笛子的名稱。

這種草還有一個別名稱爲占城菊（チャンパギク），由於這種草的外觀極爲特別，跟其他草不一樣，被視爲異草，於是就被誤認爲一定是來自異國，於是稱爲占城菊。占城是交趾支那（今越南南部、柬埔寨東南的一塊地區）的南方地域的名字，菊則是將博落迴的分裂葉比喻爲菊花的葉子而來。

曾經有相當聰明的商人，在早春把其剛發少許芽的粗壯根株帶到市街上，擺在路邊販賣。為了吸引顧客，商人會大聲喊說這種草以後會像牡丹那樣開出大朵的花。於是不知道那個商人是壞人的好人顧客就會三三兩兩去購買那些苗。我有朋友明明就擁有相當多植物的知識，卻還是不小心上了當，不久之後葉子長出來，一看就只是普通的博落迴，才發現完蛋被騙了，不過已經來不及，也只能茫然自失了。

各處人家栽種的花草中，有種草會開出美麗花朵，名為松葉牡丹（マツバボタン），這件事應該無人不知。和這種草同屬的植物中，有一種稱為馬齒莧（スベリビユ）的一年生草本植物，在夏秋之間的炎熱時分，經常可在路旁或是庭院中看到。草的整體是紫紅色，很柔軟，從地面上長出來，是大家看了都認得的植物。莖看起來很像蚯蚓，長有倒卵狀楔形的厚葉，在葉間開著小黃花。蒴果也很小，在成熟之後蓋子打開，就會有細小的黑色種子掉出來。

馬齒莧的中文名字源自其葉片的形狀。在中國也把這種草稱為五行菜，因為葉子是綠色、花是黃色、莖是紅色、根是白色、種子是黑色，綠黃紅白黑五種顏色統統都有，就像是五行一樣。再加上這種草非常結實又耐性強，即使拔出來丟掉也不太會枯死，掛起來也不容易死，所以還有一個別名叫做長命菜。我希望人類也能夠像它們這麼頑強，人類怎可以及不上馬齒莧呢？

馬齒莧的日文名稱除了スベリビユ（suberibiyu）還有ヌメリビユ（nu-meribiyu），スベリ和ヌメリ兩者都是滑的意思，葉片不但很平滑，而且在搓揉弄碎之後還會變得黏黏滑滑，所以得名。各地口音念起來，又成了スベラヒョウ（suberahyou）、ズンベラヒョウ（zunberahyou）等等。

有趣的事情是，在伯耆國（鳥取縣中西部）現在仍舊稱它爲イワイズル（iwaizuru）。幸好那裡現在還在繼續使用這個名字，所以解決了一個難題，那就是知名的《萬葉集》中寫道：

「正如入間於保屋原野的馬齒莧一樣，只要我邀請，就請你跟我到天涯海角，希望跟我的關係永遠不中斷（いりまぢの、おほやがはらの、いはゐづる、ひかばぬるぬる、わになたえそね）」。這首和歌提到了いはゐづる（イワイズル），原本不知道這種植物是否從古到今就是當地的植物，但是後來在前述的伯耆方言中找到解答，所以也不能小看方言呢。

看看馬齒莧的葉背，會發現內部會白白亮亮的。有趣的是，從前的中國學者在看到這個情況以後，說馬齒莧的葉子裡面有水銀，而且寫下從十斤馬齒莧的葉片可以提煉八兩至十兩的水銀。當然這完全就是錯誤資訊，這種草的葉子絕對不可能會有水銀。至於爲什麼會產生這種誤解，應該是把葉內的細胞膜反射的白光想成水銀，但是以數字來展現此事，即使是胡說也太過火了。於是中國的某位學者就說這原本就是不足以採信的胡言妄語，否決了這種說法。

馬齒莧是可以食用的草，多多採食也不會有問題。我也吃過好幾次，絕對不是無用之物。何況信州（長野縣）等地從以前就會食用這種草，既可以生吃也可以曬乾貯存，當成冬天的糧食。煮過之後把水擠乾淋上醬汁，吃起來有黏性，雖然會感到有點酸，但卻意外地好吃。馬齒莧有一種叫做犰耳草的變種，莖直立，葉片很大。西洋會栽培這種植物當成蔬菜，稱它爲 Kitchen-garden Purslane（菜園馬齒莧的意思），會煮熟吃，有時候也當成沙拉生吃。

走在野外的路上，可以在各處的草叢看到許多禾本科的狗尾草（エノコログサ）。草中會抽出許多細長的綠莖，頂端垂著圓柱形的綠穗，樣子甚有野趣。東京的孩子稱這些穗爲逗貓草（ネコジャラシ），因爲他們會摘這東西逗貓玩。狗尾草的日文名エノコログサ意思是小狗草（イヌコログサ），把植物比喻成小狗，古時候則稱之爲エヌノコゴサ（也是小狗草的意思）。中文名狗尾草的來由是其花穗看起來像是狗尾巴。

在花期結束之後，狗尾草的花穗就會立刻成爲果穗，和許多植物的果穗一樣呈綠色，會結許多小果實。把那些果實一個個採下檢視，會發現眞正的果實（穀粒）被綠色的穎和稃包住。果實下面有長長的鬚毛，所以果穗看起來有很多毛。

狗尾草和粟是同屬，親緣關係非常接近。因此這兩種之間經常會產生既不是粟也不是狗尾草的雜交種，我們稱之爲巨大狗尾草。在種植粟的農地中放眼望去，經常會看到這種巨大狗尾草混雜在粟之間，而且總是長得比粟又高又好。

狗尾草的姊妹種有一種稱爲金色狗尾草，果穗是黃色的。在各地都很常見。

不論到哪裡，都看得見車前草（オオバコ），因爲其體質強健，繁殖力又很強，是很卓越的宿根草，所以會不停生長，常可看到擴展到整片地面都是。它們並不是從植株分苗生長，而是全部都由種子長出來的。

車前草在有些地方稱爲カイルバ（kairuba）或是ゲーロッパ（ge-roppa），兩者的意思都是蛙葉㉔。至於爲什麼會有這樣的名字，是因爲小孩經常抓住青蛙，把牠們弄得半死之後覆蓋上車前草葉，再以花穗打醒青蛙。在中國稱車前草爲蝦蟆衣，那是由於青蛙很喜歡躲藏在這種葉子下面，跟日本的蛙葉的意思稍微不同。

車前草的日文オオバコ（oobako）是大葉子的意思，由於這種植物的葉子很大而來。車前草的嫩葉可以摘來食用，種子好像也有各種藥效，包括讓眼睛明亮。

車前草的花會成爲瘦長的穗，從葉中抽長，下面有花莖，其上部成爲花穗，新舊彼此參差豎立。花細小而多數，由綠萼四片及四裂的合瓣花冠所形成，四根雄蕊的長度超過花冠露出花藥。中央有一根花柱和一個子房。這種花原本是雌先熟，雌蕊比雄蕊要早成熟，早早就把白色的花柱伸出花的外面。當它衰弱枯萎後，雄蕊就接著成熟，把花藥高高抬起、散播花粉。花粉散播的時候自己的花的花柱已經凋萎，不會有自家受精的問題，所以這些花粉只能往其他花朵去，附著到其他花的花柱上。花柱上長有細毛，對接受花粉很有幫助。這些花粉被風吹送至他處，因此這種花是風媒花，這種草稱為風媒花植物。風媒花的花粉都沒有黏性，很乾爽。

花期結束之後會形成果實（蒴果），果實很小，蓋裂蒴果會橫裂成上下兩部分，蓋果掉落之後其中的種子現身，當風晃動果穗時，種子就會飛散，然後附近的地面就會長出許多小苗。

這種草在支那通稱為車前草，名字的語源是因為這種植物很喜歡在路旁或是有牛車馬車往來的車轍痕跡中生長。其種子就是所謂的車前子，如前述，據說可以當成藥用。

（一九五六年）

㉔ 青蛙的日文為カエル（kaeru），ゲロ（gero）則為蛙鳴的擬聲語。——編注

菊

秋高氣爽好天氣的時候，菊花在市郊的庭園中開得滿滿。雖然這類栽植的菊花不是原產於日本，不過根據《本通朝紀》，最早是在仁德天皇七十三年（西元三八五年）時從唐國（中國）引進獻上菊種的。但是學者懷疑這種說法，認為菊花應該是在平安遷都（七九四年）的時期來到日本才對。還有人說在奈良朝的時代就有以菊花為題材的詩，所以那時菊花應該已經引入日本。就像這樣，雖然關於菊花引進日本的時期有種種不同的說法，但是無論如何，菊花在上古時就已經從鄰國中國來到日本，這是事實，到當時為止我國完全沒有這種栽植的菊花。

栽植的菊花在我國是發源自上古時代，種源傳至今日，現在成為最普遍、無人不知無人不曉的花，供人賞翫，從而培育的技術也已經發展長久，而且磨練得極爲精巧。在這期間出版了關於菊花的種種書籍，又巧妙地讓此植物增殖，現在已經不只幾百種，而是歲歲年年都有愛好者持續無限制地培育出新花種，於是到了今日，發達的程度到了即使說菊是日本國花也當之無愧的狀態。再加上菊花又是日本皇室的御用紋飾，眞成了高貴的花，人盡皆知其名號。

只要讀過植物教科書的人都知道，菊花其實不是一朵花，而是一朵朵各自獨立的花聚集在一起成爲一團花序，也就是由縮短的花穗形成一個社會。在很久很久以前，基於繁衍所需，花穗縮短成爲了圓形的花序，外觀變成看似一朵花，這種花序在植物學上稱爲頭狀花序（Capitulum）。由於頭狀花序是許多花聚集在一起開花，昆蟲造訪時，許多花就會同時受到蟲媒協助，即使只有一隻昆蟲飛來一次，也能夠立刻就完成製造許多果實的準備工作。

此外，花中的雌蕊雄蕊的排列狀態成爲讓它們能夠盡量避免自花受精的構造，在花頭的周圍有著有色的舌狀瓣圍成一圈，擔負招牌（招蜂引蝶）的任務，其紅、紫、黃、白、橙、藍等顏色能夠讓昆蟲從遠處就辨識花體。就像這樣，花中各部位分工合作而形成一個社會，因此菊類在植物之中屬於最發達進步的花，也就是最高等的花。正如人在動物中幾近最高等物種，植物之中菊類也是最高等的花。而菊類中的菊花則盤踞了此最高等的位置，就如前述被選爲皇室的御用紋飾，眞的是喜慶又榮幸的事呢。

中國原本是菊花的發祥地，但是論栽植的菊花，現在日本已經超過原產國中國，甚至發展到像是由我國獨攬霸權一般。其實即使現今稱呼我國爲菊花領域中的世界一流國家，這也絕不是胡說八道。

在中國，一方面會把菊花當成觀賞花卉，另一方面又因其味甘而從上古時代就會作藥用。我認爲起初大概是只用於入藥，但是隨著文明開化，便從中選出觀賞用菊，再繼續培育才成爲現在這樣。在宋朝的《本草衍義》有著「菊花近世有三十餘種」的文字，在明朝的《本草綱目》則有「菊之品凡百種」的句子。雖然這應該是在講培育的品種，不過像這樣受人栽植的菊之中，就有在從前被引進日本的種類。當菊開始入藥之後，就已收錄在《神農本草經》之中，在那之後的本草書就全都有刊載，對於其藥效有「久服利血氣身輕耐老延年」等記載。此外，關於野生菊的產地，有「菊花，生於雍州的川澤及田野」、「處處有之，以南洋菊潭者為佳」等文句。另外，菊的別名有節華、女節、女華、女莖、日精、更生、傳延年、治牆、金蕊、陰成、周盈、金英、九華、長生草、延年等等。雅名則有隱逸花、拒霜、霜傑、東籬客、佳友、壽客、帝女花、延壽客、黃鈿、黃華先生等。

在菊科之中有個菊屬（*Chrysanthemum*），茼蒿、小濱菊、油菊、法國菊等都隸屬其下。菊也是其中的一員，但是以容姿來說，菊花（*Chrysanthemum morifolium*）是最傑出華麗的。因此若不是在植物學場合，而是在一般情境，只要講到Chrysanthemum就會專指菊花，正是由於菊花是這個屬中最重要的物種所致。但是*Chrysanthemum*這個屬名當然不是以菊花為模式種來命名的，菊花只是其中一個較晚發現的物種而已。因此當菊花的學名正式發表，獲學者承認的時候，*Chrysanthemum*這個屬名已經早早就廣為流傳了。換句話說，菊花是在這個屬名制定後過了九十年才總算入列。從而世間雖然有人很認真地說Chrysanthemum一詞衍生自「天皇的紋飾」的相近發音，但事實並非如此，這只不過是在說笑話而已。

Chrysanthemum的名字相當久遠之前便已出現，在西元一七三〇年左右，特別是在歐洲，就已經使用這個詞了；用來當植物學上的屬名，也同樣是在一七三五年左右，正是那位知名的瑞典學者林奈的決定。此字的語源是希臘文的 Chrysos（黃金）和 anthemon（花）組合而成，意思為黃金花。由於以此名字稱呼的草主要會開黃花，所以才稱為 Chrysanthemum。

園藝家一般會基於花朵的大小，把菊大略分為大菊、中菊、小菊，共三類。其中大菊和中菊通常是在莖部的頂端各開一朵花，不過這並不是原本的天然樣貌，而是在開花之前就已經摘除側枝，弄成只開一朵的樣子。所以世人看到這樣單開一朵的菊花時，要是認為那是菊花原本的樣貌，就大錯特錯了。這些都只是人為加工才讓它變成只開一朵花而已，從而要是從一開始就不以人工干預，而任其自然生長，菊就會分出許多枝條，也會長出許多花，這才是本來的姿態。

天然的花，當然會比只開一朵的要稍小一點，但是由於花開眾多，變得很熱鬧，反而會有另外一種風韻。小菊之所以沒有被加工成為只開一朵花，就是因為花朵實在太小，所以可以充分長出枝子，開出很多花。

雖然在園藝方面分為大菊、中菊、小菊，不過大菊、中菊再加上小菊的一部分，在植物學上全都是同一種，而從來的學名都是 *Chrysanthemum sinense* Sabine。然而後來知道這些菊花早在三十年前左右就已經被命名爲 *Chrysanthemum morifolium* Ramat.，所以現在對於名稱特別講究的人就是以這個學名來稱呼它。當然，世上還是有許多人會因循舊習而繼續使用先前已經習慣的名字。小菊有一半屬於前述的種類，另一半則是由學名爲 *Chrysanthemum indicum* L. 的物種而來。這種 *C. indicum* 是油菊（しまかんぎく）。不過雖然種小名是 *indicum*，在印度卻沒有這種花，是因爲林奈誤以爲本種來自印度才如此命名的。

栽植的菊花原本來自中國，在我國發達而呈現今日的盛況，但是原種還是中國的物種，所以這類栽植菊花的故鄉當然是中國。但這不代表只有中國才是菊花的原生地，我們日本也同樣有菊花分布。因爲我國雖然沒有從野生的菊培育出栽植的菊花，但是野生菊花也跟栽植菊花是相同物種，same species，是天然生長的。日本和中國都同樣是 *Chrysanthemum sinense* Sabine（毛華菊）的分布地區。

在明治十七年（一八八四年）秋天，我國日本首度發現野生菊花，這就是相當於植物學上栽植菊的原種。那是在土佐國（高知縣）吾川郡川口村的仁淀川沿岸地區，由我首次採集到的。那種菊的確是和栽植菊同種，在植物學上把那種天然的野生菊花視爲栽植菊的原種。我給它起了一個新名字，叫做野路菊（*Chrysanthemum japonense*）。花是白色，花形不大，開單葉，它們的葉子呈心型，正是這個物種的特徵。後來在土佐的各地都有找到這種花，主要以海岸附近爲多。要是長得好，高度可達一公尺，還有個特徵，是高度約到一半就會像栽植菊那樣分成三枝。不論是誰，只要看過一次天然的原生菊種，就一定會同意那跟栽植菊是同種。明治二十四年（一八九一年）五月，我於拙著《日本植物誌圖篇》第九集首次發表了它的圖畫和名稱。這種野路菊還從九州經由大島傳播到琉球，就連華南也有分布。

野生的野路菊從久遠以前就沒有經過半點人手培育，單純地持續野生狀態。根據我的想像，只要摘採來培養改良的話，一定能夠栽培出像今日栽植菊般的花。中國的栽植菊原本同樣是從這樣的野生菊花改良而成，栽植培育成爲觀賞用的菊花，只不過我國在從前引進的就是觀賞用菊花而已。

油菊（*Chrysanthemum indicum* L.）是部分小菊的原種，以中國和日本爲原產地，在印度並沒有。林奈之所以把種小名命爲 *indicum*，是基於他誤以爲本種來自印度。這種菊在四國九州附近很多，莖細長、花爲黃色，秋天盛開。東京的花店販售的寒菊是這種花的變種，中心小花發育變大。

油菊的日文漢字寫作島寒菊，是從前在小石川植物園得名的，由於本種是從伊予（愛媛縣）的一個島嶼採集來而獲名，但是只要想到這種菊並非只生長在海島，就知道這個名字也只是基於一知半解的認識而來。

若問黃色和白色何者是菊花原本的顏色，我想要回答：白色才是菊花基本的顏色。菊的原種，也就是野路菊，花絕對是白色。菊的黃色是培育後由白色變色的成果。「黃是天地該有的顏色，所以菊花該以黃色爲本色」這種說法來自中國人，是從中國的黃土顏色推斷出來的，花色也就跟從這種顏色。但是無論如何都應該要讓花色回歸本色，而回歸花色爲本的話，就應該要以白色爲該有的顏色。比起黃菊，白菊才是本尊。

菊在我國稱爲きく（kiku），語源當然是「菊」字的發音。畢竟菊花原本是由中國傳來，當然就該如此稱呼。然而，以《傍廂》的作者齋藤彥麿爲首，有人認爲きく是括り（kukuri，總括）的意思，代表把花形總括在一起而得名，但當然這個解釋並不正確。

此外，在深江輔仁的《本草和名》和源順的《和名類聚鈔》都有提到，過去曾「把菊稱萩」。

另，根據《本草綱目啓蒙》，菊花在古代的歌曲中曾以二十五個不同名字現身：かわらよもぎ（河原蓬）、おとめぐさ（乙女草）、あきしべのはな（秋蕊花）、あきしくのはな（秋花）、くさのあるじ（草之主）、ちよみぐさ（千代見草）、よわいぐさ（齡草）、あきなぐさ（秋無草）、のこりぐさ（殘草）、ちぎりぐさ（契草）、ももよぐさ（百代草）、たてりぐさ、たきものぐさ（薰物草）、おきなぐさ（翁草）、ちよぐさ（千代草）、まさりぐさ（優草、勝草）、こがねぐさ（黃金草）、ほしみぐさ（星見草）、かたみぐさ（形見草）、ながづきぐさ（長月草）、あきのはな（秋之花）、あきぐさのはな（秋草之花）、かつかいぐさ、いなてぐさ、やましぐさ。由此可知歌人會以各種名字來將菊花吟詠進歌曲之中。

有一種稱爲龍腦菊的小型菊，在我國各縣的山野自然生長，在深秋時開白花的就是這種菊。有些人會誤以爲它是栽植菊的原種，但絕非如此，全然是不同種的菊。因此不論再怎麼培養改良，這種花也絕對不會成爲栽植菊。區分龍腦菊和野路菊的特徵，主要是前者形體窄小，葉片也小、葉片基部不會呈心型、以及其外列總苞片很狹小等。龍腦菊的學名爲 *Chrysanthemum japonicum* Makino。

還有一種菊叫做泡黃金菊，東京近郊也有野生的植株。花小而呈黃色，聚集在枝頭開花。這個物種也跟栽植菊沒有任何關係。學名爲 *Chrysanthemum lavandulaefolium* Makino。這種花的白色種稱爲白谷菊，偶爾會在野外看見。

還有一種潮風菊生長在海邊，又稱爲鹽菊、濱風菊。這種菊的野生個體的花很小，培育之後有時會有開出大花的植株。但是這個物種的葉背是白色，葉片基部爲楔形，所以立刻就能和其他菊花區別開來。學名爲 *Chrysanthemum decaisneanum* Matsum.。有一種變種完全沒有舌狀瓣，稱爲豆潮菊（まめしおぎく）。還有一種變種，花朵體積碩大，稱爲薩摩野菊（さつまのぎく），產於薩摩（鹿兒島），這種植物也跟栽植菊沒有任何關係。去年矢田部良吉博士認爲薩摩野菊是菊的一個變種，這也是錯的。

（一九三六年）

高知縣立牧野植物園提供

漫談・縱切火山

人類經常充滿希望地迎接新年。我也是這樣，不懷抱希望的人就算還在動，也已經死了。如果問我懷抱的希望是什麼，答案應該就如下述。不過大家得先知道，這些只不過是我的希望中的九牛一毛而已。牧野我本人好像也逐漸快要化爲松澤之物了。

想要幫富士山美容

我的希望之一，是想要讓富士山的外觀變得更美。在眺望富士山的時候，不論是誰應該都會看到東側的一個瘤，那就是寶永山。正如人臉上有個瘤就長得醜，富士山也由於旁邊有個瘤而變得很難看。寶永山那個瘤以前原本不存在，但是在距今二百三十年前的寶永四年（一七〇七年）時就變成現在這樣。我認爲在那個腫包形成之前富士山的外貌應該非常好吧，只是不幸出現了那樣的東西而變糟了。

爲了要讓富士山恢復成原來的美麗，我想要除掉那座寶永山。方法很簡單，富士山側面的石礫岩塊原本就是因爲火山爆發被噴飛到下方，才堆積成寶永山那個瘤；相反的，噴發口則開了一個大洞，所以只要把形成寶永山的石礫岩塊塡進那個大大的凹洞裡面恢復原狀就好。這樣一來，腫包就會消失無蹤，同時大凹洞也會被塡滿，讓富士山的容貌變得很端正。大家應該都知道姿勢端正外貌佳，比姿勢不正外貌差要來得好吧。這樣的話應該任何人都不會反對我的企圖，全都會贊成我的提案才對。

這幾年美容術變得很盛行，到處都開了美容院，這個時代不只是女性而已，就連男性都會出入那些場所，所以我們應該也要有同理心，對富士山施行一下流行的美容術才行。完成之後讓世人感覺驚喜不是很有趣嗎？既然要做就應該要做到這種程度才能夠堵住衆人悠悠之口。我前面講的這個提議很不錯吧。

但是等到終於要動手做的時候，卻需要有$。要是我有三井高利或岩崎彌太郎這等富豪的財富的話，就能夠實現給大家看；但是不知道該說是悲哀還是我的命運，我和乞丐一樣窮到一貧如洗，再怎麼想方設法也是無計可施，在我的這輩子絕對不可能實行。既然如此，我就把這個好辦法留給後世的慷慨有錢人吧。

把山對半縱切

我接下來的希望，是想要把一座山縱切成一半，完全去除其中一半的岩塊，換句話說就是讓山變成一半。假如眞想要做這件事的話，太大的山是沒辦法的，得要盡可能選擇又小又孤立的山，這麼一來，伊豆的小室山正好合適。若是這座山，實行的可能性就相當高。而且她是座休火山，就更好了。

假設我終於成功把她切對半了，由於這座山原本是火山，所以要是縱切了，除了了解她是怎麼形成、其結構如何等之外，對於火山學、岩石學、地質學等也能夠提供無比的研究材料。爪哇那座有名的喀拉喀托火山㉕在爆發時噴飛了大半邊，大概就是那樣的感覺。雖然喀拉喀托是因為強烈的天然爆發力才變成那副模樣，不過我們卻是故意以人為力量來做這件事。話說回來，雖然世界很大，但是到今天為止還不曾有人做過這樣的事情。假如說日本人為了學術而做出此等驚天動地的大事，也算是值得誇讚吧。

唉，至少試一次看看啊。這種事情很罕見，所以不只是我國國人，一定連西洋都會有觀光客蜂擁而來參觀。獲得好評以後，消息傳遍全天下，就更加會有各國的學者等人來參觀，變得很熱鬧。於是只要建造鐵路支線的話，主管鐵路事務的鐵道省就可以大賺一票，觀光局的官僚也會臉上有光。再加上託了把這座山變成半截之福，就可以讓來看熱鬧的外地人在日本花錢，增加國家的財富。這不是絕佳妙計嗎？何況還可以使用崩落的土塊岩塊石礫去填到附近的海裡，就能夠出乎預料製造出幾百公頃的海埔新生地，這樣的機制是不可能再有的，要是能夠嘗試的話一定會非常有趣啊！

想要再遇上一次大地震

接下來的希望，有點極端又危險，因爲我想要再次遇上像發生於大正十二年（一九二三年）九月一日那樣的大地震。

那次地震時，我正待在位於東京澀谷的家裡，搖晃的期間我坐在八塊榻榻米大小的房間中央一動也不動（由於那天的天氣很熱，我打著赤膊只穿著短內褲在看植物標本），坐著體驗究竟會搖到哪種程度。在地震尾聲時，我剛走出去到院子裡，結果地震就停了，眞是讓我有點不盡興的感覺。當我正在感受地震晃動方式的時候，被家裡唧唧嘎嘎搖動的噪音分心，一直看房屋搖動，結果對於身體所感受到最重要的搖晃方式卻完全沒有記憶。畢竟地面突然左右劇烈搖晃了十多公分，我應該要明確記得到底是怎麼晃的，但我卻不太記得，實在是太遺憾了。

㉕ 喀拉喀托火山（Krakatoa）：位於印尼的巽他海峽中，一八八三年大爆發時釋放出兩百五十億立方公尺的物質，導致五萬多人死亡。——譯注

因此我想要再遇上一次那樣的大地震，體會其搖晃程度。按照可能性來看，我這輩子也不是不可能會再遇上一次，所以好像也不必太失望。現在相模灣的海底可能正在逐步地做準備也說不定呢。

富士山大爆發

再把話題拉回富士山。我很期待富士山能夠來一次大爆發呢。

衆所周知，富士山是座火山，在史前時代經常會爆發，但是進入歷史時代以後就變成偶爾才會爆發。雖然現在變得非常安靜，默不作聲，但是既然原本是座火山的話，什麼時候突然心情不好來一下大爆炸也不是不可能。不過只有咚咚咚地噴發一點點而已的話就不太有趣，假如能夠來個大爆發，大量熔岩從整面山上流下來的話，應該會極爲壯觀才對吧。若是在半夜從遠處眺望，從整座山上流下來的熔岩會讓紅色的富士山在黑暗中浮現，絕對是個極爲壯麗的奇景啊。

那副光景非常值得看，我就是想看那模樣。我在心裡偷偷希望富士山能夠在不讓山下居民受害的程度上幫我來個大爆發，我對著掌管富士山的女神木花咲耶姬命祈求，一生只有一次也好，只要能目睹此景，那麼我往生時就絕對是安樂至極地踏上冥土之旅，無怨無悔啊。

想要把日比谷公園做成溫室

把東京的日比谷公園整體做成一個大溫室，在裡面栽種熱帶地方以棕櫚、露兜樹、蕨、蘭、仙人掌等爲首的種種草木，把內部做成熱帶地區，裡面既有香蕉結實也有鳳梨成熟，芒果、木瓜、荔枝、龍眼等自不用說，咖啡、丁香、胡椒、可可等植物也開花結果，長得非常繁茂，還栽種著可欣賞花葉之美的觀賞草木，種滿整個室內空間。植物間有著讓人自由來去的通道，並挖掘大池塘，栽種有名的王蓮屬植物大王蓮、歐洲白睡蓮、紙莎草來增添景致。

各處都設有咖啡店、休憩處、遊戲場等，以及整備萬全的宴會場、活動中心、音樂廳等設備，只要走進裡面，就會覺得自己確實身處熱帶地區。此外飼養美麗的鳥、金魚般的魚、珍奇的爬蟲類等等動物應該也是不錯，只是動物會排泄又臭又髒的糞便，所以要小心注意那方面。

要是能夠在我們首都的正中間蓋上一個獨一無二的世外桃源，那確實能夠成為東洋（特別是我們日本）自豪的一件事物吧。我希望東京市能夠大膽地放手做這麼大規模的建設，但是現代就連小規模的預算都會感到很傷腦筋，對於我說的這種計畫應該是想都不會想的吧。哎，現在完全不會被拿到檯面上討論吧。

（一九四四年）

構築科學的鄉土

在學術環境中生長

說到我的二十歲，那是在明治十四年（一八八一年），我初次接觸東京再回到家鄉的時候。

我的故鄉是高知縣高岡郡佐川町，那裡是由受到藩主山內侯爵特別待遇的重要家臣深尾家族治理的地方，也是有許多武士和貴族等士族的地區。

在鎮上有所名爲「名教館」的學校，教授孔孟之道、算術學問等，學風鼎沸，當時是僅次於高知的學術中心。

不過由於當時在武士與平民之間仍舊有嚴格的區分，學問主要只在武士之間盛行，然後田中光顯伯爵、土方寧博士、廣井勇博士等名士從中嶄露頭角。

雖然我是釀酒廠的小孩，卻是在這樣的學術環境中成長的。隨著時勢演變，世人逐漸了解學問的必要性，認為學問是武士階級專有特權的時代已經過去了。

把新知識帶到家鄉

在我二十多歲的時候，我深切體認到若是要讓世間進步開化，無論如何都必須要振興科學才行。於是我就帶頭在故鄉組織了「理學會」，集合家鄉的學生講學、提供我蒐集的書籍，努力啓蒙故鄉的人民。在這樣與各方串聯的過程中，我迫於雜誌創刊的必要性而創辦了《格致雜誌》。那時候在故鄉當然沒有印刷機，我只能自己寫文章做成小冊子，再讓同輩的大家傳閱。我記得當時我想要請井上哲次郎博士幫忙寫序，就請當時住在東京的土方寧幫忙，不過由於某些原因，變成是有賀長雄老師給了「格致之辨」的名文，讓我欣喜若狂。我之所以會努力做這樣的事，也是爲了想要培養家鄉人民的科學知識及涵養。

當時故鄉的學校有門歌唱課，但只有師範學校有一架風琴，我的家鄉沒有，這樣沒辦法正確地教導課程，於是我就自費買了一架風琴捐給家鄉的學校。我總是試圖要把新的知識引進我的故鄉。

當時我家還有財產，所以那時我一直沉浸在學術中。由於雙親早逝，我不會受到父母的管控，於是我就能夠自由從事我最愛的植物研究。

如此這般，我除了持續進行自己的研究，也把自己從各處蒐集來的書籍介紹給同鄉，想要提升大家對閱讀的興趣。

埋首研究，無心遊手好閒

回顧我在二十多歲的時候，有一件事讓我覺得慶幸。正好在那個年代，我們的城市開了各種聲色場所，許多無法獨立思考的年輕人被那些感官刺激誘惑人心的魔境給淹沒，導致不少人都走錯路。不過我覺得研究植物正是我自己的興趣，所以不曾想過要踏入花街柳巷。假如我在那時候染上喝酒的惡習，搞不好會就此趁著醉意沉溺於酒中。從小時候就不喝酒，保障了我的潔身自好。

我現在七十四歲，不過既沒有老花眼，血壓也像年輕人一樣低，不必擔心動脈硬化。醫生說我再活個三十年也沒問題。這讓我深切體驗到不菸不酒的幸福。

我希望年輕人能夠戒掉菸酒。健康對人類來說非常重要，我們應該盡量健康長壽，重視我們被賦予的使命，完成大業才行。健全的身心必須在年輕時候就培養好才行。

〔補記〕前述文章是在昭和十年（一九三五）時發表的。在昭和十八年（一九四三）的今天，我已經八十二歲了，幸好精力還很充沛，完全沒有老人的感覺。所以我非常討厭在署名的時候稱自己爲牧野翁、牧野叟或者是牧野老，也不願意被別人這樣稱呼。雖然我滿頭白髮像是冬天的富士山一樣，我的心卻像夏天的樹木那樣翠綠。換句話說，別名老少年的雁來紅（葉鶏頭）這種植物就是我的象徵，今後我也還能繼續努力。可喜可賀，可喜可賀。

（一九四三年）

花與我的半生記

我出生於土佐國（高知縣）高岡郡佐川町，雖然是釀酒廠的獨生子，卻從小就非常喜歡植物，我把家業丟給掌櫃打理，每天擺弄植物是我唯一的樂趣。

我先在鎮上的土居謙護老師的私塾學認字，接下來又到鎮外的伊藤德裕老師那裡繼續學認字。明治七年（一八七四年）在小學快要設立之前，我先到名教館學習最先端的課程，然後再到同一年開辦的小學去上學，邊跟老師學英文。明治九年（一八七六年），我從小學輟學，到高知去弘田正郎老師的私塾讀書。自此以後，我的各種學問完全都是靠自己一個人自修而來的。

明治十七年（一八八四年），我去到東京，明治十八年首次進入大學的植物學系。在明治二十六年（一八九三年）左右被任命爲大學的助教，接下來有很長一段時間都在植物學系擔任講師，後來獲頒了理學博士的稱號。我在大學服務了四十七年之後辭職，回歸私人生活直至今天。然後也被推舉爲日本學士院的會員。《日本植物誌圖篇》是我的處女作，在那之後以由大學發行的《大日本植物誌》爲首，我還撰寫、出版了其他各種書籍，其中最爲大眾廣泛閱讀喜愛的是由北隆館發行的《牧野日本植物圖鑑》。

正如前述，我的一輩子大概都是花在植物上面。也就是說有植物就有生命，甚至也有了長壽。我認爲我應該要感謝神明讓我誕生在這個美妙的植物世界中，而且能夠熱愛植物。假如我不喜歡植物的話，現在應該身體非常衰老、手腳顫抖、內心也變得很脆弱、腦筋很不清楚吧。幸好我喜歡植物，讓我到現在就算已經九十二歲了還精力充沛，甚至贏過年輕人。而且我還對未來抱持著各種希望，期待自己能夠完成這些工作，不在乎時光流逝，只是日夜勤奮地做自己的專業工作。託此之福，身心都極爲健康，能夠承受各種工作。但是人類的壽命是有限的，終究會迎接死期，前往遙遠的淨土，因此在出發之前就應該把全部的精力都拿來報效國家，發展丹心回報世界才對。換句話說，這才是身爲男性該走的路呢。

我的視力尚未衰退，仍然可以勝任精密的工作，這讓我能夠懷抱自信地說，描繪精細圖畫對我來說一點也不是難事。

因爲我喜歡植物，所以看花是我無上的樂趣，完全不會感到厭煩。這眞的非常幸福。只要對著花，我的心總是能夠很愉快，感受美好的心情。也因此我可以享受獨處，完全不覺得需要依賴他人。所以假如我被世人討厭而變得孤零零，也絕對不會感到寂寞。老實說，植物的世界對我而言既是天堂，也是極樂世界。

我對研究植物完全不會感到厭煩，從早到晚、無時無刻都在接觸植物。因此完成許多學術工作，也相應地對學術界做出貢獻。其中有不少是發現新的事實，那就像是打開天國之門的鎖鑰一樣。

就是這些事情讓人生變得有意義。沒有甚麼比醉生夢死更爲無聊的事情了。讓我們奮力吧！讓我們追尋生命的意義吧！這就是我們的眞面目啊！對於萬事萬物都維持己心純正、隨時保持身體健康、不自誇、不忌妒、保持清淨如水的心，這樣就能順應神意了吧。若是我能夠以這般澄淨的心來結束一生的話，眞可說是死而無憾，而且我確信自己一定能夠心無罣礙地靜靜逝去。

面臨終結吟歌言（終りに臨みて謡うていわく）
學海技藝本無涯（学問は底の知れざる技芸なり）
忘花會罹憂鬱病（憂鬱は花を忘れし病気なり）
自家庭院不負研究室名（わが庭はラボラトリーの名に恥じず）
越綿密檢視越能發現新事實（綿密に見れば見る程新事実）
新事實堆疊累積成己身知識（新事実積り積りてわが知識）
爲了擁有比任何寶物都珍貴的身體（何よりも貴き宝持つ身には）
財富名譽全都不求（富も誉れも願わざりけり）

（一九五三年）

※本書内文部分在現代可能被視爲不適切的用語及表現，考慮到作品發表的時代背景及價值，依原文照登。部分日文詞彙之假名讀音亦然。

翻譯名詞對照表

中文名	日文名	學名
一～五劃		
丁香	チョウジ	*Syzygium aromaticum*
八角金盤	八ツて	*Fatsia japonica* (Thunb.) Decne. & Planch.
三色菫	サンショクスミレ	*Viola tricolor* L
大山櫻	オオヤマザクラ	*Prunus sargentii*
大南蠻煙管	オホナンバンギセル	*Aeginetia japonica* Sieb. & Zucc.
大飛燕草	オオヒエンソウ	*Delphinium grandiflorum*
大島櫻	オオシマザクラ	*Cerasus speciosa*
小山螞蝗	ヌスビトハギ	*Desmodium podocarpum* DC. subsp. *oxyphyllum* (DC.) Ohashi
小茨藻	トリゲモ	*Najas minor* All.
小菫	コスミレ	*Viola japonica* Langsd. ex DC. f.
小濱菊	コハマギク	*Chrysanthemum yezoense*
山月桃	アオノクマタケラン	*Alpinia intermedia* Gagnep.
山葵	ワサビ	*Eutrema japonicum*
山薑	ハナミョウガ	*Alpinia japonica* (Thunb.) Miq.
山蘇花	オホタニワタイ	*Asplenium antiquum* Makino
山櫻花、緋櫻	カンヒザクラ	*Cerasus campanulata*
五節芒	アリワラススキ	*Miscanthus floridulus*
五節芒	トキワススキ	*Miscanthus floridulus*
五葉木通	アケビ	*Akebia quinata*
匂立坪菫	ニオイタチツボスミレ	*Viola obtusa* (Makino) Makino
日本女貞	タマツバキ	*Ligustrum japonicum*
日本山茶	ツバキ	*Camellia japonica*
日本山櫻	ヤマザクラ	*Cerasus jamasakura* (Siebold ex Koidz.) Ohba
日本牛膝	いのこずち	*Achyranthes bidentata* Blume var. *japonica* Miq.
日本四照花	ヤマボウシ	*Cornus kousa* F.Buerger ex Hance
日本冷杉	モミ、樅	*Abies firma* Sieb. et Zucc.
日本岩高蘭	ガンコウラン	*Empetrum nigrum* L. var. *japonicum* K. Koch
日本扁柏	ヒノキ	*Chamaecyparis obtusa*
日本柃木	ヒサカキ	*Eurya japonica*
日本草莓	シロバナノヘビイチゴ	*Fragaria nipponica* Makino
日本萍蓬草	カワホネ	*Nuphar japonicum* DC.
日本落葉松	フジマツ、カラマツ	*Larix kaempferi* (Lamb.) Carrière
木天蓼	マタタビ	*Actinidia polygama* (Sieb. et Zucc.) Planch. ex Maxim.
毛華菊	イヂギク	*Chrysanthemum sinense*
水芹菜	せり	*Oenanthe javanica*

水菖蒲	ショウブ	*Acorus calamus*
水萍	ウキクサ	*Spirodela polyrhiza*
巨大狗尾草	オオエノコロ	*Setaria x pycnocoma*
白油菊	シロバナアブラギク	*Chrysanthemum x leucanthum* (Makino) Makino
白茅	チガヤ	*Imperata cylindrica*
立堇	タチスミレ	*Viola raddeana* Regel

六～九劃

合歡	ねむのき	*Albizia julibrissin*
江戶彼岸櫻	エドヒガン	*Cerasus itosakura*
米口袋、甜地丁	イヌゲンゲ	*Gueldenstedtia multiflora* Bunge
狆耳草	タチスベリヒユ	*Portulaca oleracea* var. *sativa*
杜若	ヤブミョウガ	*Pollia japonica* Thunb.
芒	ススキ	*Miscanthus sinensis*
豆潮菊	マメシオギク	*Chrysanthemum shiwogiku*
赤松	アカマツ	*Pinus densiflora*
赤酢漿草	アカカタバミ	*Oxalis corniculata* f. *rubrifolia*
車前草	オオバコ	*Plantago asiatica*
初雁	ハツカリ	*Camellia japonica* 'Hatsukari'
坪堇、如意草	ツボスミレ	*Viola verecunda* A. Gray
岳樺	ダケカンバ	*Betula ermanii* Holland
拂尾藻	ホッスモ	*Najas graminea* Delile
松葉牡丹	マツバボタン	*Portulaca grandiflora*
油菊（野菊）	シマカンギク	*Chrysanthemum indicum*
法國菊	フランスギク	*Leucanthemum vulgare*
泡黃金菊	アブラギク	*Chrysanthemum lavandulaefolium* Makino
狗尾草	エノコログサ	*Setaria viridis*
芡	オニバス	*Euryale ferox*
花葉芒	シマススキ	*Miscanthus sinensis* 'Variegatus'
芹菜	オランダミツバ	*Apium graveolens* var. *dulce*
金水引	きんみずひき	*Agrimonia pilosa* var. *japonica*
金色狗尾草	キンエノコロ	*Setaria pumila* (Poir.) Roem. & Schult.
金魚椿	キンギョツバキ	*Camellia japonica* L. 'Kingyoba-Tsubaki'
青萍	アオウキクサ	*Lemna aoukikusa*
垂柳	ヤナギ	*Salix babylonica* var. *babylonica*
柊葉椿	ヒイラギツバキ	*Camellia japonica* L. 'Hiiragiba-Tsubaki'
染井吉野櫻	ヨシノザクラ	*Cerasus yedoensis* = *Prunus yedoensis*
柳杉	スギ	*Cryptomeria japonica*
紅侘助	ベニワビスケ	*Camellia reticulata* campanulata Makino
美洲黃蓮	アメリカハス	*Nelumbo lutea* Pers.
美國四照花	ハナミズキ	*Cornus florida* L.
胡蝶侘助	コチョウワビスケ	*Camellia wabisuke*
苔桃	コケモモ	*Vaccinium vitis-idaea* L.
苦竹	マダケ	*Phyllostachys bambusoides* Sieb. & Zucc.
茅膏菜	イシモチソウ	*Drosera peltata* Thunb.
風信子	ヒアシンス	*Hyacinthus orientalis*
香堇菜	ニオイスミレ	*Viola odorata* L.

香椿	チャンチン	*Toona sinensis*
香蕉	バナナバショウ	*Musa paradisiaca* var. *sapientum*

十～十二劃

唐山茶	トウツバキ	*Camellia reticulata*
夏鵑、皐月杜鵑	つつじ	*Rhododendron indicum*
姬茶梅	ヒメガタシ	*Camellia sasanqua*
書付花	カキツバタ	*Iris laevigata*
海榴花	ワビスケ	*Camellia wabisuke*
真蘇枋芒	マスウノススキ	*Miscanthus sinensis* f. *purpurascens*
紙莎草	パピルス	*Cyperus papyrus*
茜堇	アカネスミレ	*Viola phalacrocarpa* Maxim.
茶梅	サザンカ	*Camellia sasanqua* Thunb.
茼蒿	シュンギク	*Glebionis coronaria*
草莓	オランダイチゴ	*Fragaria ananassa*
草蓯蓉	オニク	*Boschniakia rossica* (Cham.et Schltdl.) Fedtsch.
馬勃	キツネノヘダマ、オニフスベ	*Calvatia nipponica* Kawam. ex T.Kasuya & Katum.
馬齒莧	スベリビユ，滑莧	*Portulaca oleracea*
馬藺	ネジアヤメ	*Iris lactea* Pallas
高嶺薔薇	タカネバラ	*Rosa nipponensis* Crépin
偃松	ハイマツ	*Pinus pumila* (Pall.) Regel
御蓼	オンタデ	*Aconogonon weyrichii* (F.Schmidt) H.Hara var. *alpinum* (Maxim.) H.Hara
桫欏	ヘゴ	*Cyathea spinulosa* Wall. ex Hook.
梅	コウメ	*Prunus mume* var. *microcarpa*
淡竹	ハチク	*Phyllostachys nigra* (Lodd. ex Lindl.) Munro var. *henonis* (Mitford) Rendle
深山赤楊	ミヤマハンノキ	*Alnus maximowiczii* Callier
深山堇	ミヤマスミレ	*Viola selkirkii* Pursh ex Goldie
異匙葉藻	ヒルムシロ	*Potamogeton distinctus* A.Benn.
細葉芒	イトススキ	*Miscanthus sinensis* f. *gracillimus*
荻	オギ	*Miscanthus sacchariflorus*
蛇莓	へびいちご	*Potentilla hebiichigo* Yonek. et H.Ohashi
野路菊	ノジギク	*Chrysanthemum japonense*
野路堇	ノジスミレ	*Viola yezoensis* Maxim.
博落迴	タケニグサ，竹似草	*Macleaya cordata*
富士小連翹	フジオトギリソウ	*Hypericum erectum* Thunb. var. *caespitosum* Makino
富士薊	フジアザミ	*Cirsium purpuratum* (Maxim.) Matsum.
富士薔薇	ふじいばら	*Rosa fujisanensis*
富士櫻	ふじざくら、マメザクラ	*Cerasus incisa* 'Ōhaku-chirifu'
寒櫻	カンザクラ	*Prunus kanzakura*
散椿	チリツバキ	*Camellia polipetala*
斑葉芒	タカノハススキ	*Miscanthus sinensis* cv. Zebrinus
款冬	フキ	*Petasites japonicus*

紫木綿蔓	ムラサキモメンヅル	*Astragalus laxmannii* Jacq.
紫芒	ムラサキススキ	*Miscanthus sinensis* f. *purpurascens*
紫花地丁	スミレ	*Viola mandshurica* W. Becker
紫花堇菜	タチツボスミレ	*Viola grypoceras* A. Gray
菊花	キク	*Chrysanthemum morifolium*
酢漿草	カタバミ	*Oxalis corniculata*
黃耆	キバナオウギ	*Astragalus membranaceus*
黃堇	キスミレ	*Viola orientalis* (Maxim.) W.Becker
黑松	クロマツ	*Pinus thunbergii*

十三劃以上

圓葉堇	マルバスミレ	*Viola keiskei* Miq.
源氏堇	ゲンジスミレ	*Viola variegata* Fisch. ex Link
葎草	カナムグラ	*Humulus japonicus* Seib. & Zucc.
裏白	ウラジロ	*Gleichenia japonica* Spreng.
貉藻	ムジナモ	*Aldrovanda vesiculosa*
雷公根	ツボクサ	*Centella asiatica*
鼠麴草	オギョウ	*Gnaphalium affine*
團扇槭	ハウチハカヘデ	*Acer japonicum*
睡蓮	ヒツジグサ	*Nymphaea tetragona*
蒼耳	おなもみ	*Xanthium strumarium* L.
銀杏	イチョウ	*Ginkgo biloba*
數寄屋	スキヤ	*Camellia wabisuke* '*Sukiya*'
樗樹	ちょ	*Ailanthus altissima*
樟樹	クスノキ	*Cinnamomum camphora*
歐洲白睡蓮	セイヨウスイレン	*Nymphaea alba*
潮風菊	しもかつぎ、きさぐさ	*Chrysanthemum decaisneanum* Matsum
蓮	ハス	*Nelumbo nucifera*
豬殃殃	ヤエムグラ、八重葎	*Galium spurium* var. *echinospermum* (Wallr.) Desp.
齒葉南芥	フジハタザオ	*Arabis serrata* Franchet & Savatier
叡山堇	エイザンスミレ	*Viola eizanensis* (Makino) Makino
橄欖	オリーブ	*Olea europaea*
蕪菁	すずな	*Brassica rapa* var. *glabra*
龍腦菊	リュウノウギク	*Chrysanthemum japonicum*
繁縷	ハコベラ	*Stellaria media*
蕺菜、魚腥草	ドクダミ	*Houttuynia cordata* Thunb.
薩摩野菊	サツマノギク	*Dendranthema ornatum*
薹草	スゲ	*Carex hirta*
藤	フジバカマ	*Eupatorium japonicum* Thunb.
霧社山櫻花	ヒガンザクラ	*Prunus taiwaniana*
蘆葦	アシ	*Phragmites communis*
櫸	ケヤキ	*Zelkova serrata*
櫻草	サクラソウ	*Primula sieboldii*
蘿蔔	すずしろのごとき	*Raphanus sativus*
鷲尾	ワシノオ	*Prunus lannesiana*

花與我的半生記

日本植物學之父牧野富太郎眼中花開葉落的奧祕、日常草木的樂趣

作　　者｜牧野富太郎
譯　　者｜張東君
內文排版｜謝青秀
校　　對｜魏秋綢
封面設計｜陳宛昀
責任編輯｜楊琇茹
行銷企畫｜陳詩韻
總 編 輯｜賴淑玲

社　　長｜郭重興
發 行 人｜曾大福
出 版 者｜大家／遠足文化事業股份有限公司
發　　行｜遠足文化事業股份有限公司
231 新北市新店區民權路 108-2 號 9 樓
電　　話｜(02)2218-1417
傳　　真｜(02)8667-1065
劃撥帳號｜19504465　戶名・遠足文化事業股份有限公司
法律顧問｜華洋法律事務所　蘇文生律師
I S B N｜978-626-7283-19-6（平裝）；
9786267283219（PDF）；9786267283202（EPUB）
定　　價｜350 元
初版一刷｜2023 年 05 月
初版二刷｜2023 年 08 月

詩歌審定｜蔡佩青（淡江大學日本語文學系副教授兼系主任）
植物審定｜謝長富（國立臺灣大學生態學與演化生物學研究所退休教授）
謹致謝忱

國家圖書館出版品預行編目 (CIP) 資料

花與我的半生記：日本植物學之父牧野富太郎眼中花開葉落的奧祕、日常草木的樂趣 / 牧野富太郎著；張東君譯 . -- 初版 . --
新北市：大家出版：遠足文化發行，2023.05

面；　公分 -- (Common；70)

ISBN 978-626-7283-19-6(平裝)

1.CST: 植物學 2.CST: 通俗作品

370　　112005600